轻松学航拍

无人机摄影入门与进阶教程

徐岩 著

電子工業出版社
Publishing House of Electronics Industry
北京·BEIJING

图书在版编目（CIP）数据

轻松学航拍：无人机摄影入门与进阶教程 / 徐岩著. —北京：电子工业出版社，2020.5

ISBN 978-7-121-38272-7

Ⅰ.①轻…　Ⅱ.①徐…　Ⅲ.①无人驾驶飞机－航空摄影－教材　Ⅳ.①TB869

中国版本图书馆CIP数据核字（2020）第021629号

责任编辑：赵含嫣　　文字编辑：高　鹏
印　　刷：北京东方宝隆印刷有限公司
装　　订：北京东方宝隆印刷有限公司
出版发行：电子工业出版社
　　　　　北京市海淀区万寿路173信箱　　　邮编：100036
开　　本：720×1000　1/16　　　印张：9.75　　字数：249.6千字
版　　次：2020年5月第1版
印　　次：2020年5月第1次印刷
定　　价：69.00元

凡所购买电子工业出版社图书有缺损问题，请向购买书店调换。若书店售缺，请与本社发行部联系，联系及邮购电话：（010）88254888，88258888。

质量投诉请发邮件至 zlts@phei.com.cn，盗版侵权举报请发邮件至dbqq@phei.com.cn。

本书咨询联系方式：（010）88254161～88254167转1897。

序 言 PREFACE

当大众购买的无人机价格便宜到跟烤火鸡一样；当情侣们带着这个会飞的玩具在蜜月旅行里疯狂自拍；当它作为成人礼被送给一个高中生；当摄影小白用了几分钟便拍出了一张上帝视角下的美图……航拍便不再有任何的神秘感，反倒变成了增添生活乐趣的元素。

所以，我想写这本由“白话文”组成的书，“简单粗暴”地告诉正在翻阅本书的你：航拍很简单！

但是，航拍总有一些规矩要遵守，以便让你的无人机可以长期使用；总有一些技术要掌握，以便你能拍出更多满意的照片；总有一些经验要了解，以便让拍摄过程更加有趣。这些算是这本书存在的意义吧。

本书着重介绍使用无人机的拍摄技巧，而对视频的录制和剪辑技巧，因受制于纸媒的局限，我将在自媒体平台上跟摄友们分享（新浪微博、bilibili: @徐岩 photography）。另外，科技的进步速度十分惊人，航拍器材的更新换代也十分迅速，所以本书更注重介绍器材的基础知识和通用性能，如果你想具体了解某种品牌或某款型号无人机的详细性能参数，你要到该品牌的官方网站获取一手资料。在这本书出版之后，我也会录制一些关于器材使用方面的视频，并上传到自媒体平台上，敬请关注。

扫一扫关注“有艺”

CONTENTS 目 录

第1篇 从零开始

1. 爱上航拍的七大理由........................2
2. 我需要什么样的无人机..................14
3. 起飞前不可不懂的规矩..................19

第2篇 熟悉设备

1. 熟悉飞行参数................................26
2. 熟悉曝光参数................................30

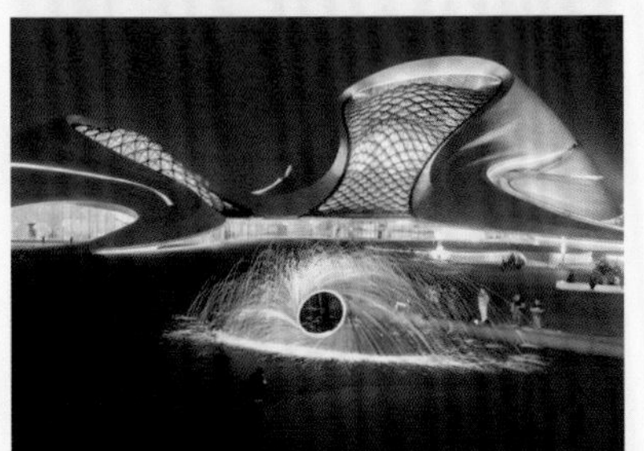

第3篇 拍出一张满意的照片

1. 视角 38
2. 拍摄高度..50
3. 构图的力量 54
4. 光的力量..68

5. 细节和动态范围......................................77
6. 色彩的力量..85

第4篇　常见的拍摄场景及拍摄技巧

1. 大地、丛林、乡野....................................90
2. 海滨..107
3. 城市、街道和建筑...................................113
4. 人物和人文纪实..125
5. 动物..130
6. 疯狂自拍..135

第5篇　航拍图片的后期处理

1. 常用软件..142
2. 后期实用技巧...144

第1篇 从零开始

1. 爱上航拍的七大理由

（一）换个角度看世界

换个角度看世界

我们整日生活在熟悉的城市里，看惯了熟悉的高楼和街道，无论我们如何拍，拍出的照片几乎是同样的线条和色彩，即使去了“充满诗歌”的远方，看到的也是画报上刊登的景物画面。

于是，拍出一个独特的视角成了我们的迫切需求。

于是，我们的城市，被拍成了这样：

▲ 图 1-1

▲ 图 1-2

其实，我们想拍成这样：

▲ 图 1-3

或是这样：

▲ 图 1-4

（二）地面没有合适的视角

有人说："我想拍一栋建筑，可是广角、超广角、鱼眼镜头都用遍了，就是没法拍摄它的全景。"

也有人说："我也想拍一栋建筑，可是在地面上拍出的视角十分杂乱，车辆占据了镜头的大部分画面。"

还有人说："我曾经爬到对面的楼顶上拍摄，差点掉下去。"

有了航拍，这都不是事！

◀ 图 1-5
F8，1/40s，ISO-100，等效焦距24mm，高度70m。

（三）提高拍摄效率

当你背负沉重的摄影器材跨过高山和大海，穿过人潮人海，只为寻找一个最佳的拍摄机位，捕捉那动人一瞬的时候，你是否想过用一架无人机代替你的双脚跋涉，在最短的时间里找到那个最佳拍摄机位呢？

▲ 图 1-6

F8，1/240s，ISO-100，等效焦距24mm（5张拼接），高度59m。

于是，你用了最短的时间，拍摄了多张画面，并发出感慨："人的生命是有限的，但是可以拍摄的美景是无限的。我要把有限的生命投入到无限的拍摄中去。"

（四）它是一台无敌的自拍神器

无论在旅行还是生活中，我们都有过与路人互相帮忙拍照的时候。经常，我们帮路人用"傻瓜"相机拍出了专业水准，路人却用专业相机把我们拍成了"傻瓜"。或者，我们使用相机的自拍模式给自己拍照，按下快门后迅速跑到拍摄场景中时，却发现自己置身于取景框之外。

如果你有了一台无人机，就能将全方位无死角的自拍变成可能。自此，一个人的旅行也无须求人拍照了，此刻它就是一个得心应手的"自拍杆"！

▲ 图 1-7

F2.8，1/320s，ISO-100，等效焦距48mm，高度3m。

（五）“高屋建瓴”中记录生活里的美好

我不想只在小小的窗口里窥探生活中极其微小的“侧面”，我想在“高屋建瓴”中记录生活，用更广阔的视角拍摄生活的方方面面。

例如，我们的城市时常被霞光笼罩：

▲ 图 1-8
F4.5，1/15s，ISO-200，等效焦距24mm（多张拼接），高度85m。

偶尔也被雾霾临幸：

▲ 图 1-9
F7.1，1/120s，ISO-100，等效焦距24mm，高度460m。

我们的山野，经常被郁郁葱葱的植物覆盖：

▲ 图 1-10

F3.5，1/80s，ISO-400，等效焦距24mm，高度48m。

也会在不经意间被违法烧荒搞得乌烟瘴气：

▲ 图 1-11

F4.5，1/1250s，ISO-100，等效焦距24mm，高度93m。

有了航拍，我们可以把这些景象尽收眼底，世间万物无法阻挡我们探究未知的渴望。

（六）地图控的最爱

从“上帝视角”俯视我们生活的空间，比从普通的地图上看更鲜活。

至于街景地图，我相信很多人都使用过。我们曾经看到的街景地图，是用街景车载着沉重的设备进行专业拍摄后，再进行后期拼接的。非专业人士很难拍出一张完美的街景地图。而无人机的出现，使这一切都变得容易了，普通摄影爱好者也可以实现拍摄街景的愿望。

▲ 图 1-12

F5.6，1/400s，ISO-100，等效焦距24mm（34张拼接全景），高度385m。

（七）就是喜欢，就是拉风，就是好玩

▲ 图 1-13

2. 我需要什么样的无人机

无人机的种类繁多，本书主要介绍用于摄影或摄像的无人机，至于军事、农业、消防等领域使用的无人机，我知之甚少，所以就不在此“卖弄”了。

对于摄影、摄像用的无人机，我也只从最基础、最通用的角度来讲解，因为本书的航拍内容重心不在“航”而在“拍”上，至于如何让无人机能更炫酷地飞行，你可以在互联网上搜索相关视频资源，或者认真阅读设备说明书。

应该选择哪种无人机？请看以下分类：

（一）按结构种类分类

（1）固定翼无人机

▲ 图 1-14

优点：续航时间长，飞行快，姿态稳定，抗风性好。

缺点：对起飞和降落条件要求高，价格贵。

（2）无人直升机

▲ 图 1-15

优点：灵活性强，可原地垂直起飞和悬停。

缺点：飞行速度较慢。

（3）多旋翼无人机

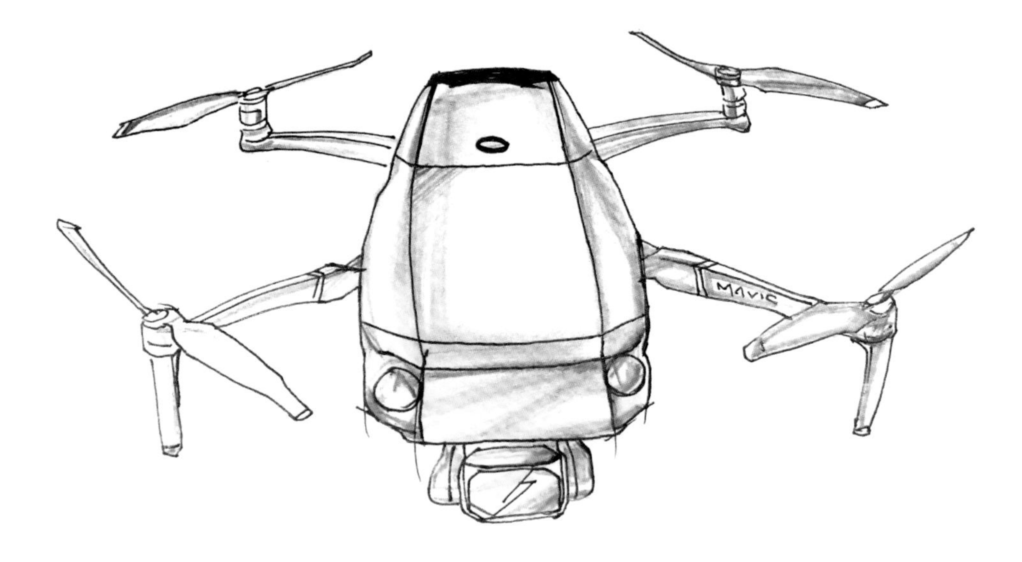

▲ 图 1-16

优点：灵活性强，操纵简单，价格低。

缺点：抗风性差，续航时间短，飞行速度慢。

大多数消费级航拍所用的无人机都属于此类。多旋翼无人机的品种繁多，航拍爱好者在选购时可以从6个方面进行考虑：①成像品质；②飞行稳定性；③外观尺寸、重量、可折叠性、便携程度；④镜头种类；⑤操纵是否简单；⑥价格。

插入语

有人开玩笑说："如果购买摄影器材，要挑预算范围内最贵的，因为一分钱一分货是亘古不变的定律。"但是购买航拍器材需要考虑的因素远比购买普通照相机要多，价格是最不重要的因素。

比如，我目前用的这台无人机，我在选购时主要考虑旅行中携带是否方便。因为在很多国家旅行时不能随意租车自驾，背负过于沉重的机器对体力是很大的挑战，所以我首先看重它的体积、重量和可折叠性。另外，我偶尔会有拍摄视频的需求，因此镜头是否可变焦距对我而言也很重要。

（4）其他

包括热气球、无人飞艇、无人伞翼机等。

▲ 图 1-17

（二）按镜头焦距分类

镜头焦距决定了视角宽窄和被摄物体在画面上给人的远近感受。一般把等效焦距 50mm 的镜头叫作标准镜头，因为它的视角范围和人用一只眼睛观察景物的视角范围是最接近的。把等效焦距小于 50mm 的镜头叫作广角镜头，它的视角范围比人的单眼视角范围更广。把等效焦距大于 50mm 的镜头叫作远摄镜头或长焦镜头，它能将远处的东西从视觉上拉近、放大。

无人机的镜头有固定焦距的，也有光学变焦的。其他条件完全相同的情况下，定焦镜头拍摄出的画质优于变焦镜头的，但是变焦镜头使用起来更为方便，尤其在录制视频的时候。

（三）按感光元件尺寸分类

感光元件的大小相当于“底片”的大小。通常情况下，感光元件越大，成像质量越好。比如，在一张 A4 纸上和在一张邮票上作画相比，哪种材质展现出的画质更好呢？无人机的感光元件有很多种尺寸，在这我就不一一列举了。图 1-18 是几种常见的感光元件尺寸对比，其中全画幅感光元件的尺寸大概是 24mm×36mm，接近于 1 英寸照片。

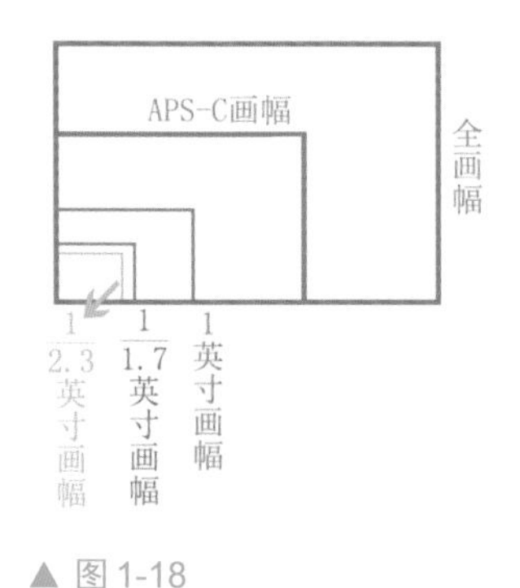

▲ 图 1-18

插入语

一点摄影知识：“全画幅”这个词是伴随着数码相机一起出现的。数码相机的感光元件如果与一张完整的135胶片一样大，就被称为全画幅，相对应的还有“半画幅”或更小画幅。但是“全画幅”放在胶片时代也只算“小画幅”，因为比135胶片更大的120胶片在胶片时代叫作“中画幅”，比120胶片更大的还有“大画幅”。

（四）其他

无人机是否有 GPS 系统？是否有视觉避障？

有 GPS 系统和视觉避障的无人机可以在室外长距离飞行，可以飞出视线范围；没有 GPS 系统及视觉避障的无人机就一定要控制在视线范围内飞行，因为有气流流过时，无人机会随风漂移，无法悬停。

3. 起飞前不可不懂的规矩

(一)不要闯入禁飞区

下面几个地方属于绝对禁飞区,如果不想惹大麻烦,千万不要在这些区域使用无人机航拍(受雇于相关部门或执行特殊任务除外):

(1)机场上空和附近

(2)军事基地上空和附近

(3)政治敏感地区

如果违反规定会带来很大的麻烦。有些无人机航拍软件,如 DJI GO 4,在禁飞区会自动关闭起飞功能。

此外,未经许可也不能在边境线附近放飞无人机。

▲ 图1-19

（二）不要触犯当地的政策法规

有些国家或地区的某个街区会明令禁止使用无人机。不要触碰这些法律法规的底线，因为没有什么美景是值得我们冒着风险拍摄的。

▲ 图 1-20

不同的国家和地区对无人机航拍的规定也有所区别，前往某个国家或地区航拍前，我们先要查阅当地的政策法规。在我国，最基本的航拍要求首先是实名登记，还要遵守中国民用航空局（CAAC）的规定，同时特别注意：

不允许在受到酒精、麻醉剂或者其他药物的影响下放飞无人机。

飞行前必须查看当地的禁飞区。

应对无人机投保地面第三方责任险。

未成年人不得单独操作无人机。

使用无人机从事商业活动须获得无人机航空运营许可证。

使用无人机应远离机场、国界线、边境线、军事管理区、设区市级（含）以上党政机关、监管场所、发电厂、变电站、加油站和大型车站、码头、港口、大型活动现场、高速铁路、普通铁路和省级以上公路等地带。

（摘自中国民用航空局网站和大疆创新官网）

（三）尽量避免在某些情境下飞行

以下情境虽然没有被明令禁止使用无人机，但是考虑到无人机飞行的安全，以及地面人员、财产安全，还是避免飞行为好：

（1）恶劣天气下

大风（建议了解手中无人机的抗风等级）、大雨、大雪、大雾、冰雹、雷电、沙尘暴天气不要飞行。除非你不介意多花钱，多买几架无人机。

▶ 图 1-21

（2）“难缠”的障碍物附近

高大且密集的建筑、桥梁、通信基站、发射塔、高压线等，会对信号产生屏蔽或干扰，使无人机无法进行 GPS 定位。请尽量避免在有这些障碍物的地方飞行。

▶ 图 1-22

（四）在以下情境中谨慎飞行

（1）极端地理环境

海拔过高的地区（三位一空：5 000 米以上）、南极、荒漠、无人区等 GPS 无法定位的地方，要在视线范围内使用无人机。

（2）人群过度密集的地区

飞行时要与人群保持安全距离。

（3）室内

室内飞行会使 GPS 定位失效，光线较弱时视觉避障也会失灵，无人机完全进入“自由漂移”状态（也叫姿态模式，见第 2 篇第 1 节），需谨慎操作。如果你是无人机操作新手，请放弃在室内使用。

插入语——有关拍摄的故事

当年，我还是无人机航拍新手时，曾于某天在图1-23中这座桥底升起过无人机。

▲ 图 1-23

由于桥梁的遮挡，GPS信号极其微弱，但我仍然冒失地让它起飞。无人机飞至几米高后就完全不受控制地冲向桥墩（图1-23中右侧第二根桥墩）。紧要关头，我将飞行高度瞬间提升，无人机的螺旋桨擦过桥上的护栏，而后踉踉跄跄地飞至30米高左右之后返航。好在只是一支螺旋桨折断了，如果当时我的操作慢了0.01s，它将葬身于江水之中。后来，我换上了新的螺旋桨重拍了这张并不完美的照片，现在想想，拍摄这张照片顶多值得牺牲一支螺旋桨，若牺牲一架无人机还是算了吧。

◀ 图1-24

我的第一架无人机“长眠”于异国他乡这片冰冷的海域（图1-25）。也许是极地特殊的磁场或是无线通信设备的干扰，它在这片美丽的海上执行飞行任务时，不幸失控而后掉入这片海域，至今已经几个月未有任何消息了，我想它大概已经“殉职”了。

◀ 图1-25

不过现在想想，它这短暂的“一生”，竟也拍摄了数万张照片，包括本书中大部分的素材图都是由它拍摄的。它有一个勤奋的主人，让它的“机生价值”得以实现。
你不知道无人机的“意外”和“明天”哪个先来，所以你不使用它，就是对它最大的“侮辱”。

第2篇 熟悉设备

1. 熟悉飞行参数

（一）飞行模式

（1）GPS 模式

无人机开启 GPS 模块或多方位视觉系统可以实现精准悬停，这是一种相对安全可靠的飞行模式（在大疆系统中为 P-GPS 模式）。指点飞行、规划航线等都需要在该模式下进行。

在 GPS 信号较好时，无人机使用这种模式可以实现精准定位。GPS 信号较差但光照良好时，无人机利用视觉系统虽然也可以实现定位，但悬停精度会变差（在大疆系统中为 P-OPTI 模式）。GPS 信号较差时，当地面和光照条件都不能满足视觉定位条件的时候，无人机进入被迫姿态模式（大疆系统中为 P-ATTI 模式）。

（2）被迫姿态模式

无人机进入被迫姿态模式后，在竖直方向上依靠气压计相对稳定，而水平方向则表现为自然漂移，需要手动调整。此时返航点无法被成功记录，无人机不能成功返航，水平漂移存在炸机风险，应尽量避免让无人机进入这种模式。新手应让无人机在视距范围内飞行，降低无人机进入这种模式的风险。

（3）姿态模式

这种模式由手动选择，不开启 GPS 模块，无人机不使用卫星信号增稳。和被迫姿态模式一样，姿态模式也在竖直方向比较稳定，而水平方向则表现为自然漂移。但与被迫姿态模式最大的不同在于，这种模式可以记录返航点，使无人机能够成功返航。

（4）运动模式

可以使无人机灵敏度更高，速度更快的一种模式。和 GPS 模式的相同之处是，在这个模式下，无人机能够通过 GPS 模块或多方位视觉系统实现精准悬停。该模式主要是为满足熟练使用无人机的人群体验竞速而设置的，新手慎用。

（5）三脚架模式

在这个模式下，无人机的飞行速度和操控敏感度都有所下降，飞行更加平稳，拍摄更加顺畅，适合微调构图和视频拍摄（也称T模式）。

（二）返航模式

目前，大多数消费级无人机具有智能返航功能。智能返航功能被触发后，无人机无须人工控制也可以自动返回起点并安全降落。智能返航功能可以手动触发，也可以自动触发，相对应的返航模式为“主动返航”和“被动返航”。

（1）主动返航

按下一键返航按钮，无人机便可“听话”地飞回起飞点并安全降落。要在返航设置中设定合适的返航高度、返航飞行方式等。在返航高度上尽量不要有障碍物，一般来说，应将返航高度设置为在目视的最高建筑高度的基础上增加15米。

如果前后视障碍物感知系统正常工作，无人机遇到障碍物时会上升躲避。但对细小的物体（比如树枝、电线）和透明物体（比如玻璃）的识别能力有限，容易相撞。返航高度也不是越高越安全，因为返航前的飞行高度低于返航高度时，无人机要先升高至返航高度后再返航，这个过程要消耗一部分电量。

（2）被动返航

被动返航包括无信号返航、低电量返航、迫降等模式。

当无人机的信号丢失时，被动返航功能自动激活，无人机回到起点。

当电池电量较低时，被动返航功能也会自动激活。当然，也可以手动关闭被动返航功能，因为这时无人机的电量已经撑不了多久了。

当电池的电量已经低到不够支撑无人机返航时，无人机会原地迫降。注意，如果现场的美景尚不值得用一架无人机的“生命”换取的话，就不要让电量消耗到这个程度。因为无人机在迫降时，不能确保迫降点的环境是否符合降落条件，比如水面、山涧、密林等环境是不适合降落的。

（三）失控行为

失控行为，就是无人机失去控制时自动执行的命令，可以设置成“返航”“下降”“悬停”等模式。无人机在水面上空飞行时，千万不要设置成“下降”模式。

（四）炸机

关于炸机的定义，我在这里向“小白”们解释一下：炸机，是指由于操作不当或机器自身故障导致其非正常降落并损毁。注意，一定是无人机损毁了，如果仅仅是非正常降落但不影响继续使用，那叫“摔机”，而不叫炸机。

炸机，是无人机玩家的噩梦。一万个人眼中有一万种炸机方式。

▲ 图 2-1

比较常见的炸机方式有：

- 信号丢失，超视距范围飞行，有障碍物阻挡。
- 天气异常，环境异常，磁场异常。
- 自动飞行时，受地理环境影响（返航时被建筑物阻挡，返航高度设置错误）。
- 过度依赖自动飞行，非全相避障。
- 飞行模式切换。GPS 信号较弱时，发生 GPS 模式和被动姿态模式来回切换，导致无人机自然漂移，受撞损毁。
- 视觉避障失灵。比如在夜晚光线不足、光线忽明忽暗或视觉颜色单一的区域飞行。
- 撞鸟。拍摄野生动物，尤其拍摄大型猫科动物时，无人机被动物当

▶ 图 2-2

作猎物捕食。

当然，炸机的情况远不止这些。还有挂重物飞行、拍摄礼花、拍摄氢气球、贴近水面飞行、手抛非固定翼无人机起飞、被孩子用弹弓击落，等等。

（五）飞行前准备

（1）电池

关于电池，我有必要说几句。第一，起飞前检查电池电量是否可以支持飞行任务；第二，在严寒天气下（比如冬季的西伯利亚、阿拉斯加、中国东北部），电池的温度过低会影响续航时间，可以在起飞前先给电池"取暖"，比如，将电池放置在汽车的暖风口附近；第三，给电池设置适当的放电时间，也就是在长时间不使用时，将电池的电量放掉。放电时间的设置可以参考说明书，建议将放电时间设置得短一些，以便延长电池的使用寿命。

（2）机翼、螺旋桨、云台

检查机翼是否正常。

检查螺旋桨有没有损坏，并确保螺旋桨已安装牢固，切记！

摘掉云台保护罩。

（3）开机

校准 IMU。

检查指南针是否异常。

等待返航点刷新。

（4）确保起飞安全

观察起飞区域是否适合起飞，留意围观人群，尤其是小孩子。

（5）选择起飞模式

包括自动起飞模式和手动起飞模式。根据需求和个人喜好，选择适合的起飞模式。

2. 熟悉曝光参数

无人机搭载的摄影设备和普通照相机的成像原理是基本相同的。已有摄影基础的朋友们，请跳过这一节；摄影小白们，请仔细阅读这一节。

（一）曝光参数对亮度的影响

什么因素可以决定一张照片的亮度？是光圈、曝光时间、感光度。它们又被称为曝光三要素。

光圈，相当于镜头的瞳孔。放大光圈，照片变亮；收缩光圈，照片变暗。光圈的大小用字母 F 加数值表示，如 F2.8、F4、F5.6、F8、F11 等，但是数值越大光圈反而越小，也就是 F2.8>F4>F5.6>F8>F11。

曝光时间，是光线透过镜头照射到感光元件上的时间。曝光时间越长，照片越亮。

感光度，是成像系统对光线的敏感程度。感光度越高，照片越亮。

无人机的曝光模式有手动模式（M 挡）、光圈优先模式（A 挡）、速度优先模式（S 挡）、程序自动模式 / 自动模式（P 挡或 AUTO 挡）。手动模式指光圈、曝光时间、感光度三个参数都要手动控制。光圈优先模式指手动设定光圈、感光度，由设备自动计算曝光时间。速度优先模式指手动设定曝光时间、感光度，由设备自动计算光圈大小。程序自动模式 / 自动模式即“傻瓜模式”，把所有设置都交给设备，我们只需用手指按动快门即可。

注意，有些型号的无人机没有光圈设置选项，只能设置曝光时间和感光度，也就不存在“速度优先模式”了。

此外，在光圈优先、速度优先或程序自动模式下，如果觉得照片的亮度不满意，可以通过调节曝光补偿“强迫”设备给照片提高或降低亮度。

（二）曝光参数对成像效果的影响

光圈、曝光时间、感光度除影响照片的亮度以外，对画面的虚实和画质也有影响，如图 2-3 所示。

在摄影理论中，光圈越大，焦点之外的物体越虚，但是在航拍时这种影响通常比较小。因为影响焦点之外物体的虚实因素，除了光圈，还有焦距和摄距（焦距越大，焦点之外的物体越虚；摄距越远，焦点之外的物体越实）。航拍时的摄距比较远，所以即使用了较大的光圈，焦点之外的物体也不会虚化得特别明显。

曝光时间除影响画面亮度以外，还影响取景框里运动物体的虚实。曝光时间较短，运动物体被定格；曝光时间较长，运动物体被虚化。和普通的单反或单电相机相比，多数航拍器的曝光时间不会太长，因为无人机长时间在空中悬停，会受到风的影响。在曝光过程中，如果航拍器产生晃动，整个画面就会全部虚化。

如图 2-4 所示，曝光时长 8s，由于当时风速较大，航拍器有所抖动，整个画面全部虚化，变成了一张废片。

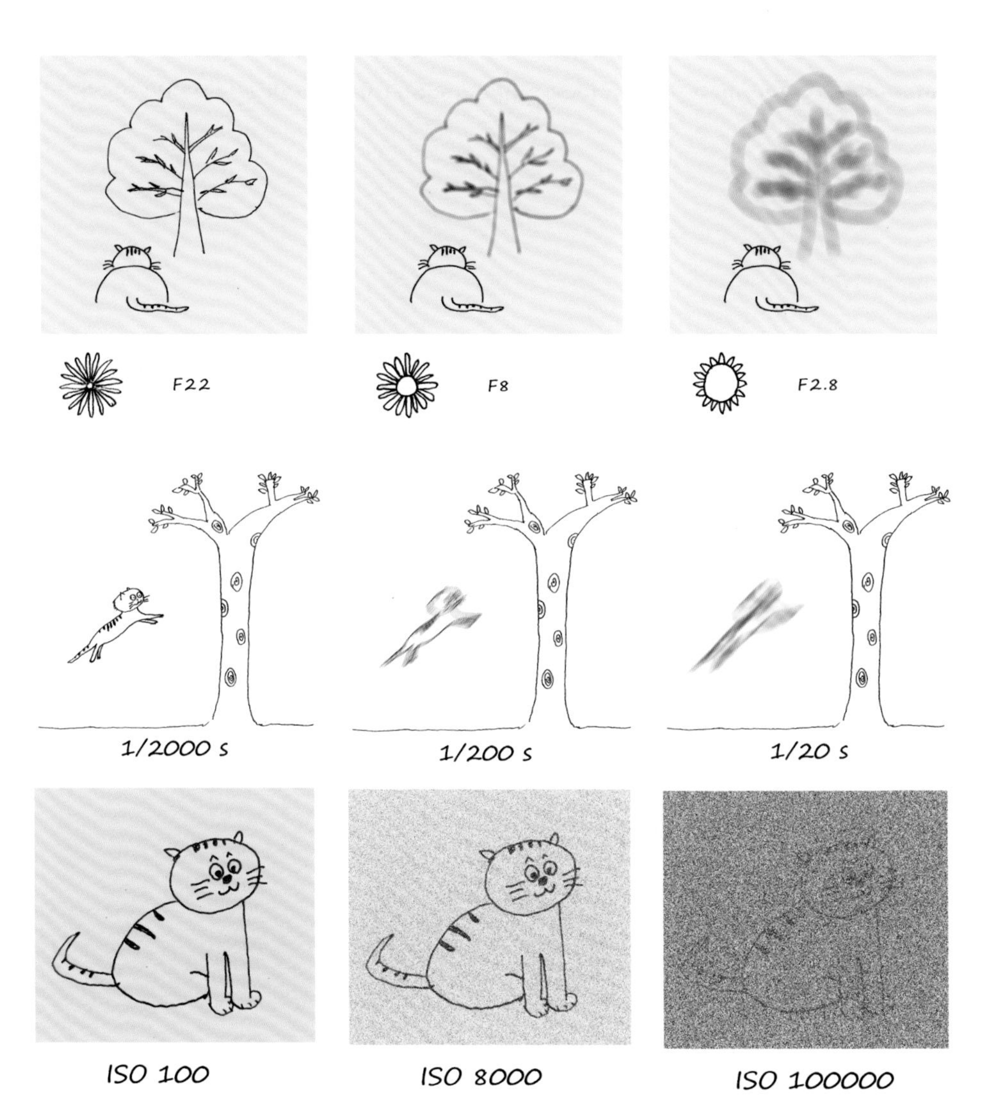

▲ 图 2-3

▲ 图 2-4
F5.6，8s，ISO-100，等效焦距24mm，高度206m。

在无风或有微风的天气，长时间曝光也可以获得清晰的画面，如图 2-5 所示，航拍器曝光时长 2.5s，手持烟花站在地上甩动胳膊，喷射出的火花在画面上留下明亮的轨迹。

感光度除影响照片的亮度外，也会影响照片的画质。从理论上讲，感光度越低，画质越细腻；感光度越高，画质越粗糙。感光度过高时，画面上会产生大量的“噪点”，如图 2-6 所示。

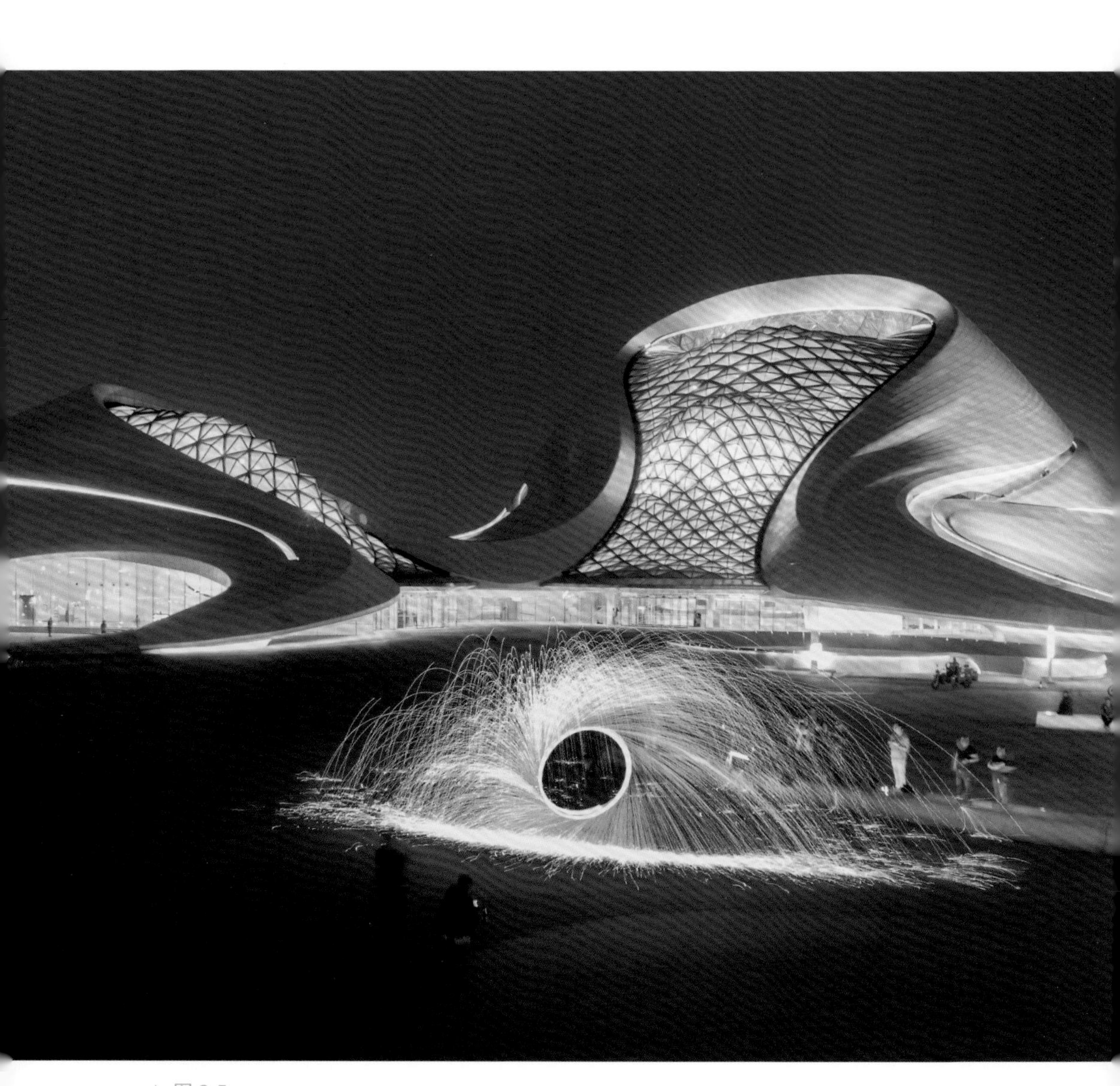

▲ 图 2-5
F4，2.5s，ISO-200，等效焦距24mm，高度7m。

▲ 图 2-6
F4，1/2s，ISO-1600，等效焦距24mm，高度303m。

（二）焦距大小

无人机可搭载的镜头有广角镜头、标准镜头、长焦镜头，其中使用广角镜头的占比较多，因为它的拍摄范围与人的双眼加余光的视角最接近。在这种视角下拍摄，拍出的照片更具现场感。

第3篇 拍出一张满意的照片

1. 视角

（一）焦距

部分无人机可以搭载变焦镜头（如大疆 Mavic 2）或者可以更换镜头。焦距大的镜头，具有远摄功能，使视角变窄；焦距小的镜头，能将近处的物体推远，使视角变宽，如图 3-1 至图 3-3 所示，我在拍摄这个隐藏在田野深处神秘的鄂伦春族乡村时，让无人机始终悬停于相同的竖直高度，使用不同的焦距，从 24mm 焦距到 48mm 焦距变换视角拍摄。

▲ 图 3-1

F3.2，1/30s，ISO-200，等效焦距24mm，高度140m。

焦距不同，不仅视角不同，而且表现出的重点也不一样，如图 3-4 所示，同样的拍摄位置，用 24mm 焦距和 48mm 焦距分别拍摄，拍出的画面重点有很大差异。

▲ 图 3-2

F3.2，1/30s，ISO-200，等效焦距38mm，高度140m。

▲ 图 3-3

F3.2，1/30s，ISO-200，等效焦距48mm，高度140m。

插入语——等效焦距

相同的光学焦距镜头，在不同大小的感光元件上的成像视角都不同。感光元件越大，视角越宽，所以又出现了“等效焦距”这个概念。等效焦距，是指当前的拍摄视角相当于全画幅感光元件（36mm×24mm）上最大焦距的视角。比如50mm的标准镜头如果搭配在APS-C画幅（24mm×16mm）的感光元件上，就要乘以1.5倍才是等效焦距，即等效焦距75mm。这其实已经是一枚长焦镜头了。

近大远小的关系在摄影中被称为“透视关系”，广角镜头的透视关系更夸张，长焦镜头的透视关系微弱一些。

▲ 图 3-4
（上）F3.7，1/80s，ISO-120，等效焦距24mm，高度19m；
（下）F3.7，1/80s，ISO-120，等效焦距48mm，高度19m。

图3-5（上）是用48mm焦距拍摄的林间铁路，树木如平面一般，比较写实。而图3-5（下）的构图与图3-5（上）是完全一致的，区别在于图3-5（下）是在竖直高度下降幅度较大的情况下，使用24mm焦距拍摄的。树木在透视作用下，表现出从铁路两边向外生长的状态，形成了一种张力。

图3-6（上）为长焦镜头拍摄的密林。在广角镜头的透视作用下，树木变得像一朵怒放的巨大菊花，如图3-6（下）所示。

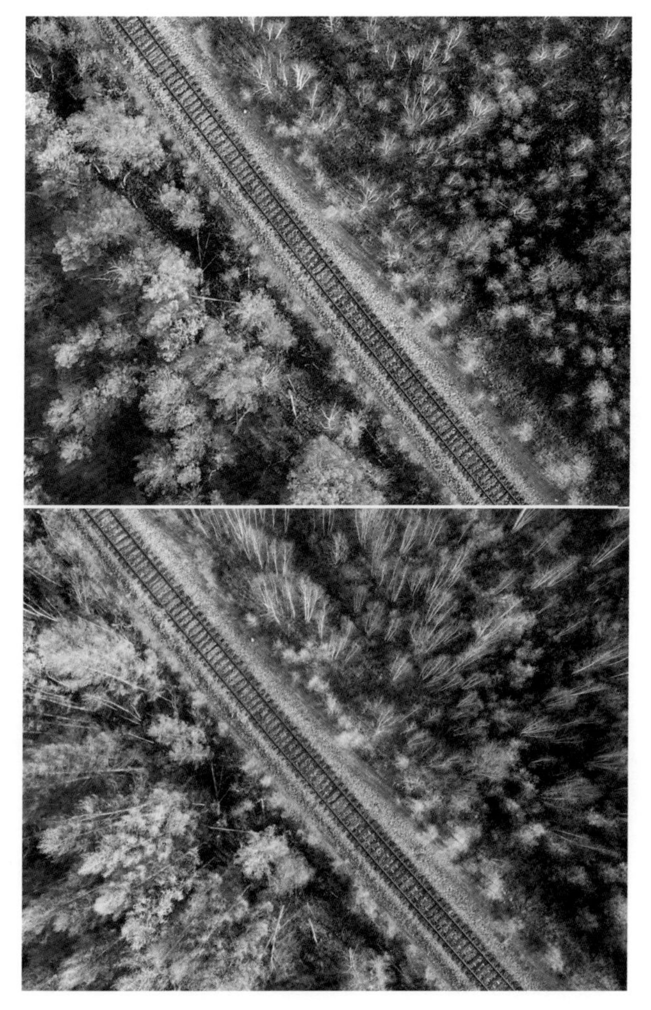

▲ 图3-5
（上）F6.3，1/50s，ISO-100，等效焦距48mm，高度45m；
（下）F6.3，1/50s，ISO-100，等效焦距24mm，高度17m。

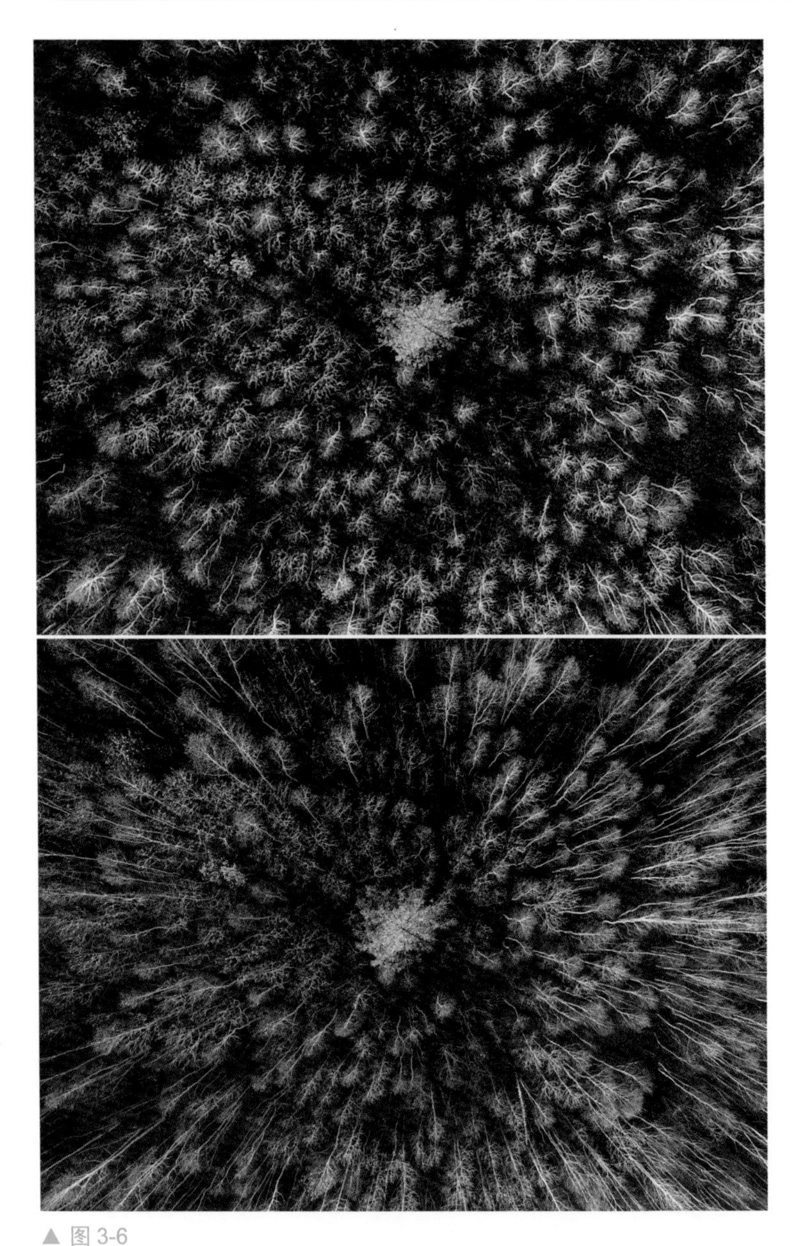

▲ 图 3-6

（上）F5，1/120s，ISO-100，等效焦距48mm，高度43m；

（下）F5，1/120s，ISO-100，等效焦距24mm，高度18m。

焦距也会影响画面的压缩感。比如我的两幅自拍照，人物的大小在画面上几乎一致（请忽略是否看向镜头的区别）。图 3-7（上）是我使用 24mm 焦距拍摄的照片，感觉后面是一条开阔的被冰封的大江，江的对岸有座城市；而图 3-7（下）是我使用 48mm 焦距拍摄的，江面看起来像公园里的一片小湖，我似乎就站在公园里。

大家可以思考一下，虽然图 3-7 两幅照片是分别使用一短一长两个不同焦距拍摄的，人物大小却没有任何变化，这说明：用短焦距拍摄时，无人机和人物

▲ 图 3-7
（上）F3.8，1/15s，ISO-320，等效焦距24mm，高度3m；
（下）F3.8，1/15s，ISO-320，等效焦距48mm，高度5m。

的距离近；用长焦距拍摄时，无人机和人物的距离远。

大家不妨再想一下，当无人机由近及远飞行时焦距由小到大的变化过程中，录制一段视频会怎么样？是否可以保持人物的大小不变，而背景的江面产生变化？如波涛般向人物涌过来这种特效，在视频制作中被称为“希区柯克变焦”或“滑动变焦”。具体效果可在互联网上搜索关键词“希区柯克变焦”或翻阅我自媒体上的小视频进行了解。

（二）视角范围不够广怎么办

想拍摄的事物在一张照片里根本“装”不下怎么办？这是航拍最常见的问题之一。难道解决方法只有让无人机飞得更高、飞得更远吗？这并不是最好的办法。

比如，我想拍摄图 3-8 这样一张富有纵深感的照片，可是无人机从起飞到上升至最大飞行高度时，拍到的画面只是从图 3-9（上）变成了图 3-9（下）的样子。

◀ 图 3-8

F2.8，1/30s，ISO-400，等效焦距24mm（3张自动拼接），高度499m。

▶ 图 3-9
（上）F3.2，1/25s，ISO-200，等效焦距 24mm，高度234m；
（下）F3.2，1/25s，ISO-200，等效焦距 24mm，高度499m。

这和我需要的视角相距甚远。如果使无人机往后飞，前景的高层建筑会被大桥遮挡。

解决办法是启用航拍器的“全景拍摄”模式。全景拍摄模式有各种选项：全景、广角、180°、竖拍等。在拍摄这张图片时，我选择了“竖拍”选项，于是，无人机自动拍摄了这样三张图片：

▲ 图 3-10
F3.2，1/25s，ISO-200，等效焦距24mm，高度499m。

拍摄完之后，航拍器会自动将这三张图片拼接成一张纵深感极强的照片。经过 Photoshop 软件的简单调色后，照片变成了如图 3-8 所示的效果。

这种拍摄方法在近距离拍摄建筑时经常使用，也可以使用航拍器的横向全景模式，拍摄几张照片后自动拼接成一张超广角照片，如图 3-11 所示。

▲ 图 3-11
F3.8，1/1250s，ISO-100，等效焦距24mm（18张自动拼接），高度330m。

甚至还可以全方位拍摄若干张照片，自动拼接成一张全景图，如图3-12所示。

▲ 图3-12

F3.2，1/40s，ISO-200，等效焦距24mm（34张自动拼接），高度120m。

以上照片都是使用航拍软件自带的“全景拍摄”模式拍摄的。其实，使用手动操作，先一张一张地拍摄，再用Photoshop等软件后期拼接成超广角照片或者全景图照片效果会更完美，因为修图软件里可调节的参数更为丰富。

我使用Photoshop软件只花了大约10s就得到了一张拼接照片，如图3-13所示。手动拼接照片的具体操作步骤，详见第5篇。

▲ 图 3-13
F3.2，1/2s，ISO-400，等效焦距24mm（6张手动拼接），高度28m。

2. 拍摄高度

我刚刚拿到无人机时觉得又新鲜又刺激，一心只想让它飞得更高。于是，我关闭了无人机的新手模式，让它越飞越高，直到我听到飞行软件里传来“无人机已抵达最大飞行高度”的声音。其实，飞得高并不是目的，在最适合的高度按下快门，才是我们需要的。

我想拍摄这座庄严的建筑，因为地面没有合适的取景点，所以我选择用无人机航拍。这时，无人机只需飞到一个合适的高度，避开凌乱的前景并让主体突出就可以了，并不需要刻意追求飞行高度，如图 3-14（上）所示。相反，图 3-14（左下）、图 3-14（右下）由于飞行高度偏高，背景中的高层建筑变得抢眼，主体的光环被掩盖了。我喜欢称这样的视角为“污蔑性视角”，似乎显得主体就是不够好、不够高、不够大，不如其他物体突出。

◀ 图 3-14
（上）F5.6，1/400s，ISO-100，等效焦距24mm，高度38m；
（左下）F6.3，1/400s，ISO-100，等效焦距24mm，高度76m；
（右下）F6.3，1/400s，ISO-100，等效焦距24mm，高度118m。

如图 3-15 所示的这个场景，前面和后面的山，哪座山更高呢？我分不清楚，你也一样吧？不同的拍摄高度，表现的重点就不一样，可使被摄物体形成高度上的错觉。

▲ 图 3-15
（上）F2.8，1/1250s，ISO-100，24mm等效焦距，高度214m；
（下）F3.2，1/1250s，ISO-100，24mm等效焦距，高度38m。

拍摄实例

这是关于稻田和夕阳的拍摄。

将相机放置于地面上，用一个长焦距和窄视角，拍摄出一张极简而唯美的画面，如图3-16所示。虽然这符合摄影的减法原则，但难免有点自欺欺人，因为这并不是稻田实际的样子。

而稻田的实际样子，在无人机飞至100m高度并使用超广角镜头拍摄时，才得以呈现，如图3-17所示。这时，太阳已经落到山的另一边了，天空和大地都被它的余光照射。

我觉得还应该拍摄点什么，对，稻田里有条笔直的小路！这条小路与地平线平行，为了获得更广阔的视角，我决定采用多图拼接的方式拍摄。让无人机在水平位置和高度固定，镜头从左至右旋转约180°，拍摄数张照片后，在Photoshop软件中进行合成。奇特的是，原本笔直的小路变成了一条曲线，就像一张微笑的嘴巴，这是透视畸变造成的，如图3-18所示。拼接照片时，如果不改变拍摄机位，而只是旋转镜头，那么画面的中间部分由于距离镜头较近而被放大，而左右两侧的物体距离镜头较远而被缩小。

▲ 图 3-16

F8，1/320s，ISO-400，等效焦距234mm，高度2m。

▲ 图 3-17

F3.2，1/80s，ISO-100，等效焦距24mm，高度157m。

▲ 图 3-18

F2.8，1/60s，ISO-100，等效焦距24mm，高度173m。

你有没有发现这三张照片的色彩也在渐渐地由暖变冷，这是从夕阳到黄昏蒙影再到暮光的色彩变化。

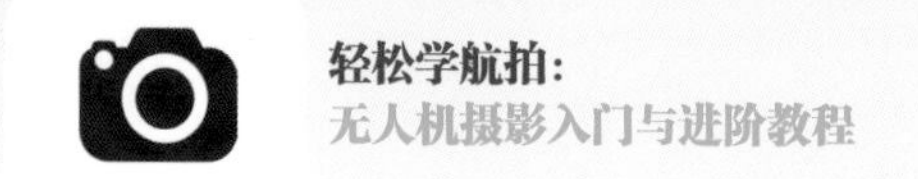

3. 构图的力量

对比下面几组照片，凭直观印象，选出每组中你最喜欢的构图。

第一组：

A

B

C

▲ 图 3-19

最喜欢 ________ 图

第二组：

A

B

C

▲ 图 3-20

最喜欢 ________ 图

第三组：

A

B

C

▲ 图 3-21

最喜欢 ________ 图

其实，以上的选择并没有标准答案，不同的人选出的选项也不完全一致。构图，是很主观的事情。

构图是一种感觉，在无数次拍摄后，提炼出来的感觉。如果非要用文字说明构图的目的和实现目的的途径，那么请看图 3-22。

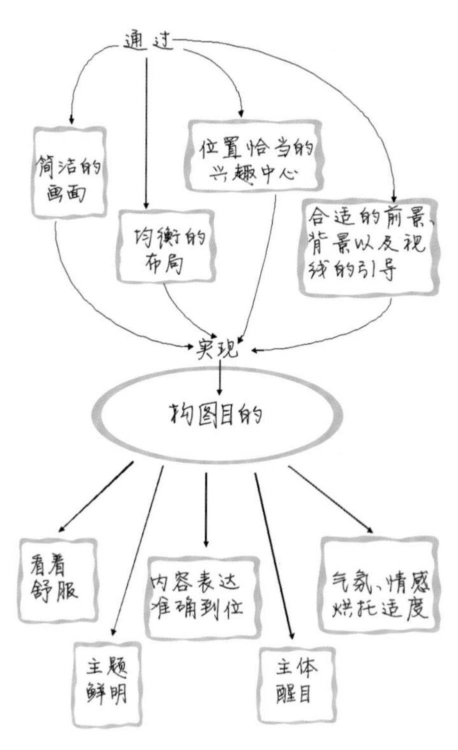

▲ 图 3-22

追求极简主义的我，已把长达几十页的构图理论简化成了这样一张图。如果是摄影小白，在实际拍摄中，还可以参考下面的构图方法：

- 三分法构图 / 黄金分割构图

将主体放在画面三分之一处或黄金分割线上。留意图 3-23 中古庙和远山的位置。

◀ 图 3-23
F8，1/320s，ISO-100，等效焦距24mm，高度156m。

即使地平线未出现在画面上，仍然可以让古庙位于黄金分割线上，因为它是画面的主角，如图 3-24 所示。

▲ 图 3-24

F8，1/200s，ISO-100，等效焦距24mm，高度263m。

图 3-25 虽然不是一张人物照，但抱着吉他男孩的背影却是画面的趣味中心，他出现的位置也接近于整张照片的三分之一处。

▲ 图 3-25

F9，1/10s，ISO-400，等效焦距48mm，高度9m。

从图 3-26 的三分之一处，你看到了什么？

▲ 图 3-26

F2.8，1/30s，ISO-200，等效焦距24mm，高度172m。

从图 3-27 的三分之一处，你又看到了什么？

▲ 图 3-27

F3.8，1/400s，ISO-100，等效焦距48mm，高度103m。

- 对称式构图

对称是自然界存在的一种美感，给人带来稳定、安静的感觉，如图 3-28 所示，画面以中间的线为轴，呈左右对称状延伸。

▲ 图 3-28
F7.1，1/1000s，ISO-400，等效焦距24mm，高度315m。

很多建筑和人工景观都是轴对称的，所以对称式构图也经常用于拍摄人工景观，如图 3-29 所示。

▲ 图 3-29

F2.8，1/20s，ISO-800，等效焦距24mm（经过裁剪），高度119m。

对称式构图看多了，就会审美疲劳，因为这种构图略显刻板。

- 对角线构图

对角线构图能避免画面刻板，还能给画面带来一些“动感”，如图 3-30、图 3-31 所示。

◀ 图 3-30
F5，1/50s，ISO-200，
等效焦距24mm，高度100m。

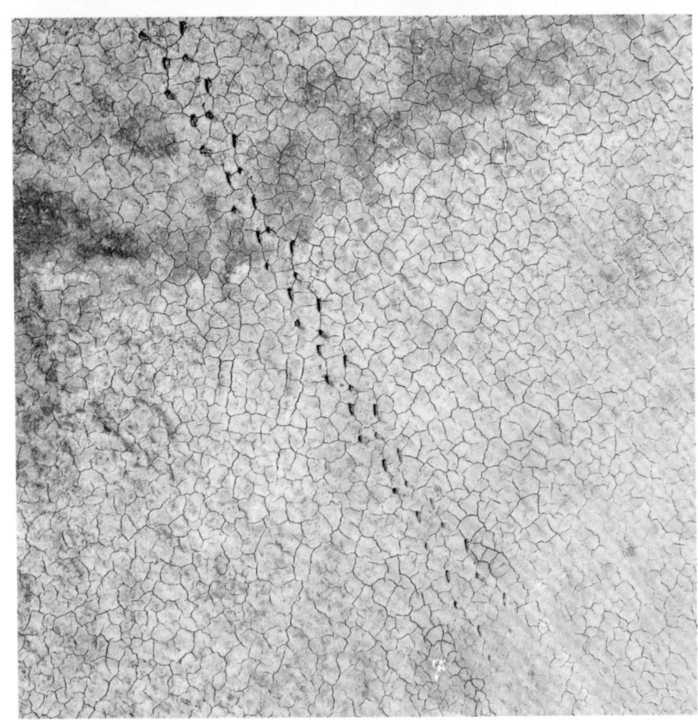

◀ 图 3-31
F6.3，1/200s，ISO-200，
等效焦距24mm（经过裁剪），高度93m。

- 平行线构图

有时，整齐的构图让人极度舒适。

▲ 图 3-32

F5.6，1/500s，ISO-400，等效焦距24mm，高度499m。

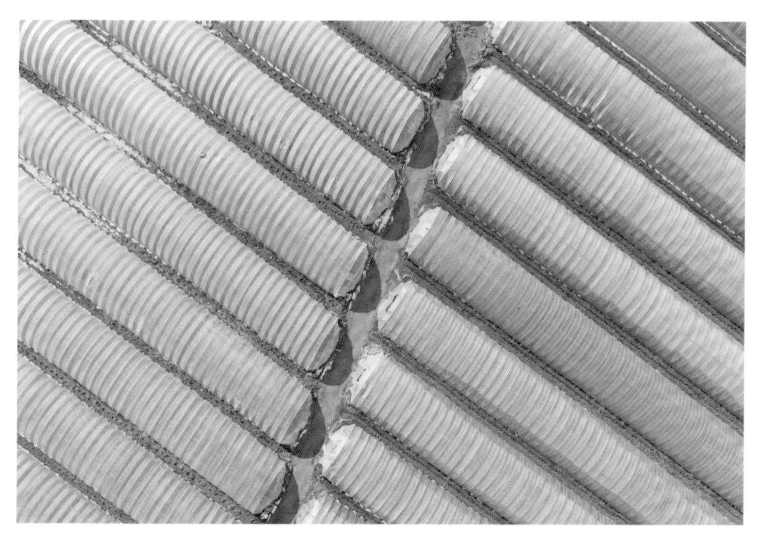

▲ 图 3-33

F5，1/200s，ISO-100，等效焦距24mm，高度82m。

- 汇聚线构图

汇聚的线条，具有引导视线的作用。

▲ 图 3-34
F8，1/160s，ISO-100，等效焦距24mm，高度90m。

- 散点式构图

主体呈无规则分散状。注意，背景要简洁，不要凌乱，否则就是散上加散，乱上加乱了。

▲ 图 3-35
F7.1，1/80s，ISO-100，等效焦距24mm（有裁剪），高度40m。

▲ 图 3-36

F5.6，1/160s，ISO-100，等效焦距24mm，高度40m。

- “S”形构图

主体呈“S”形在画面上延伸，呈现一种曲折、蜿蜒的感觉。

▲ 图 3-37

F3.2，1/13s，ISO-200，等效焦距24mm，高度499m。

▲ 图 3-38
F5，1/80s，ISO-200，等效焦距24mm，高度84m。

怎么样，图 3-39 中的“S”够大吗？

▲ 图 3-39
F5.6，1/500s，ISO-100，等效焦距24mm（5张拼接），高度499m。

关于构图的细节问题：

（1）航拍时要留意天空和大地的比例

之前提到的三分法构图，有时不能刻意套用。比如，拍摄时忽略主体的位置，而刻意让天空占画面三分之一或三分之二，会让画面失衡。

多数情况下，航拍更侧重对地面（画面地平线以下）内容的记录。比如，我拍摄图3-40这座巨型矿坑时，地面内容格外充实，如果还把画面的三分之一留给天空，会让天空显得过于空洞，而右图中的天空尽管只占了画面的五分之一，但画面并不显得压抑。

▲ 图3-40

F2.8，1/1600s，ISO-100，等效焦距24mm，高度499m。

（2）画面不要太满

“画留三分白”，别让照片看起来满满当当的，画面不透气。

还是刚才的场景，如果只留给天空窄窄的一点空间，不但会让画面因没有留白而显得压抑，还会让人觉得天空是多余的元素，不如将天空彻底裁掉，只保留地面内容。因为这座巨坑是主体，周围其他地方就成为了画面的“留白”，如图3-41所示。

▲ 图 3-41
F2.8，1/1600s，ISO-100，等效焦距24mm，高度499m。

4. 光的力量

光的强度如何？直射光还是散射光？光从哪个方向照射？这些都会影响一张航拍照片的品质。

在本章第 2 节中提到的那座建筑，尝试换一种角度和光线重新拍摄，看看效果如何，对比如下：

▲ 图 3-42
（左）F5.6，1/400s，ISO-100，等效焦距24mm，高度74m；
（右）F5.6，1/400s，ISO-100，等效焦距24mm，高度38m。

可以看出，图3-42（左）为顺光拍摄，图3-42（右）为侧逆光拍摄。在顺光拍摄下，主体笼罩在一片“平庸”的光线之中，没有影子，所以立体感不够强烈，画面主体和背景之间没有层次；在侧逆光拍摄下，光和影互相交错，建筑的质感、立体感、层次感展现得刚刚好。

尝试拍摄同一条和森林在不同水平光线下的两张照片。将无人机水平转动180°，让光线由顺光变成逆光，看看会有怎样不同的视觉体验？如图3-43所示。

▲ 图3-43

（上）F4，1/160s，ISO-200，等效焦距24mm，高度135m；

（下）F4，1/160s，ISO-200，等效焦距24mm，高度150m。

按照光线和镜头方向的不同，将光位分成顺光、逆光、侧面光、侧顺光、侧逆光、顶光、底光等。

如图 3-44 组图所示，选择一个晴朗的天气，让无人机环绕这座建筑飞行 360°，感受不同的光位下拍摄出的不同效果。

▲ 图 3-44
（左上）F3.4，1/1250s，ISO-100，等效焦距38mm，高度45m；
（右上）F3.3，1/800s，ISO-100，等效焦距43mm，高度44m；
（左中）F2.8，1/1000s，ISO-100，等效焦距24mm，高度44m；
（右中）F3.6，1/400s，ISO-100，等效焦距24mm，高度43m；
（下）F3.8，1/500s，ISO-100，等效焦距47mm，高度41m。

当无人机围绕一个主体飞行360°时，让主体在画面中处于构图的同一位置，并不间断地拍摄视频的方式被称为“刷锅”。（图3-44中的组图出于构图的需求，我在后期进行了裁剪，不属于严格意义上的刷锅。）

从这个例子不难看出，用顺光拍摄，灯塔的色彩更真实，但景物的立体感不足；用逆光拍摄，背景和灯塔的反差很大，尤其水面上还有强烈的反射光线，这要求画面的动态范围要足够大；用侧面光、侧顺光、侧逆光拍摄，建筑的立体感和质感都表现得较为出色。

以上几种不同的光线，哪个是你所喜欢的？萝卜白菜，各有所爱。我更喜欢下面这种光线：

仍然是这个灯塔，只是当无人机飞行到图片中这个角度时，天上刚好有一片云，使直射的阳光变成了柔和的散射光，这就是硬光与柔光的区别，或者说是光的软硬区别，如图3-45所示。

▲ 图3-45
F3.4，1/800s，ISO-100，等效焦距39mm，高度23m。

按照光的“硬度”不同，可分为直射光和散射光。图 3-46 组图是我分别在晴天直射光、晴天散射光和阴天（雾霾天）散射光下拍摄的同一个画面。

◀ 图 3-46
（上）F2.2，1/220s，ISO-100，等效焦距24mm，高度400m；
（中）F2.2，1/110s，ISO-100，等效焦距24mm，高度400m；
（下）F7.1，1/120s，ISO-100，等效焦距24mm，高度487m。

图 3-47 组图为我在晴朗和多云两种天气下俯拍的同一座桥。

▲ 图 3-47

（上）F8，1/100s，ISO-100，等效焦距24mm，高度390m；

（下）F8，1/25s，ISO-100，等效焦距24mm，高度390m。

从上页两张图不难看出：在直射光线下，物体的影子明显，主体的明暗对比强烈，影调硬朗；在散射光线下，物体的影子不明显，主体的明暗反差较小，影调柔和。

至于光的高度，又是一个新问题。不同的时间，太阳的高度不同，光影的效果也不同。夏天的正午，太阳最高时，地面上物体的影子最短小，色彩真实，如图 3-48 所示。在早晨和傍晚时段，太阳的高度比较低，光线也比较柔和，容易拍出唯美的效果。

▲ 图 3-48

F8，1/640s，ISO-100，等效焦距24mm，高度39m。

插入语——晨昏蒙影

一天中的24小时除白昼和黑夜以外，还有一段属于晨昏蒙影的时段，如图3-49所示。

如果你认为日出、日落时分太阳的方向与地面的夹角（简称夹角）为0°，那么：

白昼指夹角>0°的时段；

黑夜指夹角<-18°的时段；

晨昏蒙影指-18°<夹角<0°的时段。其中，民用晨昏蒙影的夹角在0°～-6°之间，航海晨昏蒙影的夹角在-6°～-12°之间，天文晨昏蒙影的夹角在-12°～-18°之间。

民用晨昏蒙影包含了日出前的一小段时间和日落后的一小段时间。在这两段时间里，虽然看不见太阳，但空气仍然可以散射一部分太阳光，也是我们常说的“晨光”和“暮光”。这样即使没有人工光源也可以进行户外作业，所以“民用晨昏蒙影”一词由此得来。

▲ 图 3-49

F5.6，1/8s，ISO-200，等效焦距24mm，高度32m。

晨光出现后，天空的色彩由冷变暖；暮光结束前，天空的色彩由暖变冷。

航海晨昏蒙影阶段，太阳的散射光变得暗淡，在没有人工光源的情况下，很多自然景观不易被观察。“航海晨昏蒙影”这一叫法起源于还没有GPS的时代，海员们通过微弱的星光来测量坐标。

天文晨昏蒙影更加昏暗，有更多星象显现出来。整个天空呈深蓝色到蓝黑色之间，城市的街灯是开启状态，其亮度可以和天空的亮度持平。在这个阶段拍摄城市、小镇的夜景会格外有气氛。

图3-50从左至右分别是我在日落前20分钟、日落时刻、日落后10分钟、日落后20分钟拍摄的同一景物的对比，是景物从日落前到黄昏蒙影的变化。

▲ 图 3-50

（左）F9，1/110s，ISO-200，等效焦距24mm，高度57m；
（左中）F9，1/56s，ISO-200，等效焦距24mm，高度57m；
（右中）F8，1s，ISO-400，等效焦距24mm，高度57m；
（右）F4，1s，ISO-400，等效焦距24mm，高度57m。

在高纬度地区，太阳的高度与地平线的角度较小，晨昏蒙影持续的时间比较长，拍摄风光摄影的黄金时段就比较长。这也是很多风光摄影师青睐北欧、加拿大等地区和国家拍摄的原因之一。图3-51拍摄于冰岛冬季的海岸，在日落之后近半个小时的时间里，天空几乎一直保持这种“马卡龙色调”。

▲ 图 3-51

风光摄影靠天吃饭，经常要看天的“脸色”，晨光、暮光都是天空的杰作。利用好这两个时间段，去拍摄理想中的画面吧。

拍摄实例——关于逆光和光晕

如果你觉得各种用光理论太过枯燥，可以和我一起做个试验：将手挡在开启的手电筒前，让光线透过手掌，随后将手挪开。你会发现被光线透过的手掌颜色与平时的手掌颜色不同。同样，还可以用一片叶子做这个试验。

其实，我只想说，光线穿透物体和直接照射物体时产生的色彩有很大的差异，航拍时也一样。比如，图3-52是在逆光下拍摄的一片山林。阳光照在树梢上，光线穿过一部分树叶，这种光线穿过树叶产生的色彩和没有被光线照射到的阴暗区域形成了强烈的色调反差，这部分偏暖调的树叶也在一大片偏冷调的阴影中形成了点缀。

此时，太阳的位置刚好在画面以上一点，它的光线可以在镜头上散射出光晕，使场景有一定的气氛。多数光晕都是在逆光下产生的。

一些懂器材的人认为，产生这种光晕意味着镜头的抗眩光能力不够好，或者该清洁镜头了。总之，若单从技术环节上讨论，这种光晕的出现确实证明镜头不够完美。但是，对器材的精益求精和在视觉上的完美体验是两回事。如果光晕能给画面带来气氛，那何乐而不为呢？

进一步讲，如果你不喜欢光晕，可以将镜头向下倾斜一些。如果镜头的抗眩光能力足够好，但你想要光晕出现，把镜头故意弄脏就可以了。

▲ 图 3-52
F5，1/100s，ISO-200，等效焦距24mm，高度约200m。

5. 细节和动态范围

“动态范围”，指摄影设备能够表现的亮度范围，它也是设备的性能指标之一。当现场的亮度超过相机的动态范围时，画面就有可能出现局部过曝或局部欠曝现象；当现场亮度小于相机的动态范围时，画面反差小，细节完整，但影调有可能过于寡淡。

如图 3-53 上图所示，相机的动态范围小于现场亮度，画面的明暗反差强烈。但高光部分（天空）因为过曝而失去细节，变得苍白一片。阴影部分因为欠曝而失去细节，变得漆黑一片。

如图 3-53 中图所示，相机的动态范围和现场亮度比较接近，画面的明暗反差适当，高光和阴影均有比较完整的细节。

如图 3-53 下图所示，相机的动态范围大于现场亮度，画面的明暗反差较小，高光、阴影均有细节，但照片看上去有些灰蒙蒙的，不通透。

◀ 图 3-53

F4.5，1/640s，ISO-100，等效焦距24mm，高度25m。

所以，我们可以认为，动态范围直接影像画面细节。

一般来说，逆光或侧逆光时，现场的明暗对比强烈，尤其当光源（如太阳）也进入画面时，航拍器的动态范围很可能无法满足需求。

▶ 图 3-54

图 3-55 是我在傍晚拍摄的城市景观。相机正常曝光时，天空过曝，地面欠曝，如图 3-55（上）；降低相机曝光时，天空细节尚可，地面却漆黑一片，如图 3-55（中）；提高相机曝光时，地面细节尚可，天空却雪白一片，如图 3-55（下）。这是清晨或傍晚逆光拍摄风景时常见的现象，因为这种场景的亮度远大于摄影设备的动态范围。

▲ 图 3-55
（上）F4.5，1/500s，ISO-100，等效焦距24mm，高度114m；
（中）F4.5，1/1000s，ISO-100，等效焦距24mm，高度114m；
（下）F4.5，1/240s，ISO-100，等效焦距24mm，高度114m。

解决办法一：拍摄成 RAW 格式。在后期处理时（如 Adobe Photoshop 或 Lightroom）将高光压暗，阴影提亮，或者分别调整天空、地面的曝光度，找回部分细节，如图 3-56 所示，具体的设置步骤详见第五篇。

▲ 图 3-56

插入语——图像格式

相机中常见的图像格式有JPEG、RAW、TIFF等。

JPEG是“联合图像专家组”（Joint Photographic Experts Group）的简写，它是一种有损压缩的图像格式。在这种格式下，通过去除冗余的彩色数据，可获得极高的压缩率，并保留层次较为丰富的图像，也就是用最少的存储空间得到“看起来尚可”的图像质量。JPEG也是在数字媒体上使用频率最高的图像格式，几乎在所有计算机、智能手机等电子设备上都能直接浏览JPEG图片。但JPEG毕竟是有损压缩的图像格式，大量的成像原始信息被丢弃，当光线条件复杂时，高光和阴影部分容易丢失细节，后期处理时可调整的范围也不大。

RAW被直译为“生的、未经加工的”，它是一种无损格式，保留了成像的全部原始数据，也被称为“数码底片”。从严格意义上讲，它不算是图像格式，而是数据文件。RAW文件的信息量远比JPEG文件的丰富，所以在后期处理时可调整的范围也非常大。RAW文件记录现场光线的所有信息，所以在调色方面具有很大的优势。在后期处理过程中，可以任意更改颜色而不损伤画质，其原理等同于在相机内改变白平衡。也就是说，用RAW格式拍照时，相机的白平衡如果设置得不合适，也不会有太大问题。而JPEG格式的照片在后期处理时就不能大幅度改变色彩，否则会严重损伤画质。另外，DNG格式也是RAW格式中的一种，是Adobe公司推出的通用RAW格式。
TIFF格式也是一种无损格式，除成像的原始信息丰富以外，还可以直接输出和打印，只是有些时候，它占据的磁盘空间比RAW格式还要大，所以现在很多相机都取消了这种格式。
有时你会发现，用RAW（或DNG）格式拍摄的图片在美感上不及用JPEG格式拍摄的，那是因为相机内置的色彩优化算法只在JPEG图像上生效，而RAW这一单词本身就是“未经加工”的意思，所以相机不执行任何美化操作。

解决办法二：在镜头前面安装渐变镜。航拍器专用的渐变镜上部呈半透明的灰色，中间呈颜色的渐变，下部是完全透明的。这样可以平衡天空、大地之间的亮度差异，如图 3-57 所示。

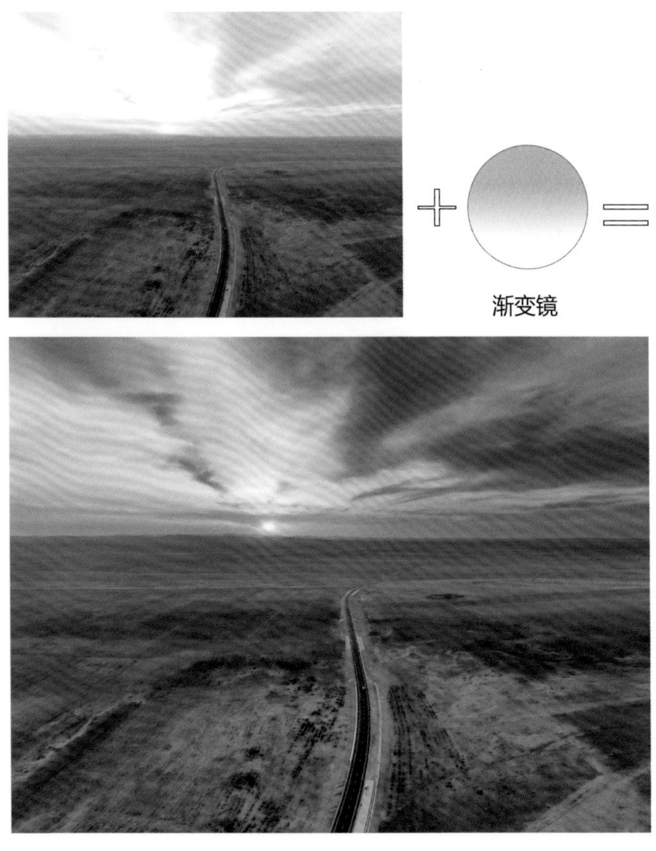

▲ 图 3-57
F2.9，1/320s，ISO-100，等效焦距26mm，高度约140m。

解决办法三：从欠曝到过曝拍摄一系列照片（专业术语叫“包围曝光”或“AEB 连拍”），用后期软件再合成一张照片，如图 3-58 所示。软件会自动选取欠曝照片的亮部加过曝照片的暗部，形成完美的曝光。把这种拍摄加自动合成的全过程称为“高动态范围摄影”，简称为 HDR（High-Dynamic Range）摄影。后期合成过程详见第五篇。

HDR

◀ 图 3-58
（上左）F5，1/640s，ISO-200，等效焦距24mm，高度约38m；（上中）F5，1/400s，ISO-200，等效焦距24mm，高度约38m；（上右）F5，1/240s，ISO-200，等效焦距24mm，高度约38m；（下左）F5，1/160s，ISO-200，等效焦距24mm，高度约38m；（下右）F5，1/100s，ISO-200，等效焦距24mm，高度约38m。

其实，照片中容易过曝的部分，不仅仅是天空或太阳，夜晚的街灯也会在一片黑暗的背景中严重过曝，甚至连它照亮的区域也会一同失去细节。这时同样可以使用 HDR 方式，让高光和暗部的细节皆完整。

有时你会觉得，细节完美是多么美好，如图 3-59 所示。

▲ 图 3-59

F4，1/5s，ISO-800，等效焦距24mm，高度120m。

有时，细节也不见得多么重要，如图 3-60 所示。

▲ 图 3-60

F2.8，1/8s，ISO-800，等效焦距24mm，高度83m。

6. 色彩的力量

增之一分则太长，减之一分则太短；著粉则太白，施朱则太赤。照片上需要这种恰到好处的色彩。

关于对色彩的评价，我们的主观意识占了很大的比重。鲜艳的色彩可以触发人的兴奋点，但也会让人觉得艳俗；寡淡的色彩虽然显得高级且时尚，但会让人觉得缺乏生机。

所以，对色彩的使用，主要看需要表达的主题以及拍摄者本人的意图。

无人机的程序里有很多色彩模式，如鲜艳模式、自然模式、普通模式等。可以拍摄一些照片进行试验，这里不再赘述这些色彩模式的特点。

关于色彩，我要介绍另一项重要的设置——白平衡。

白平衡决定了照片的整体色调。因为不同的时间、不同的天气下，光源的色彩不完全一致，比如早晨和晚上的阳光色调偏暖，阴天或在阴影下的光线偏冷，所以要对航拍器的白平衡做出相应的设置。

从图 3-61 这张傍晚拍摄的照片可以看出，山的右侧在光线的直射下，呈现暖色；山的左侧在阴影范围内，呈现冷色。所以，被摄物体在直射光和阴影中呈现的色彩会有所区别。而调节白平衡的目的之一，就在于无论被摄物体在何种颜色的光线下，都可以让它的色彩随摄影师的意愿呈现出来。

▲ 图 3-61

F8，1/200s，ISO-100，等效焦距24mm（多张拼接），高度498m，色温5500K。

打开拍摄软件，你会发现白平衡有晴天、阴天、阴影、自动、色温等模式。通俗地讲，在晴天拍照时用晴天模式，照片不会偏色，在阴天拍照时用阴天模式，照片不会偏色。但是，在晴天的阴影里拍照时要用阴影模式，否则照片会偏蓝（参考图 3-61 山的背光面）。自动模式是让航拍器自行判断现场主导光源的颜色，然后做出相应的调整。这几种模式都属于智能模式，而色温模式则要通过手动调节照片的色温。

色温是什么？抛开物理学原理，单看航拍器的色温设置，你会发现色温越高，照片的色调越暖；色温越低，照片的色调越冷。这和物理学上的色温定义刚好相反，因为航拍器是靠颜色的互补原理来纠正偏色的。色温的单位是 K。

插入语——物理学里的色温

如果大家对物理学上的色温定义感兴趣，可以继续阅读以下文字。在物理学中对色温的解释是：把黑体加热到某个温度，当其发射的光的颜色与某个光源所发射的光的颜色相同时，这个黑体此时的温度被称为该光源的颜色温度，简称色温。其单位用K（热力学温度单位）表示。在下图所示的色温表中可以看到不同颜色光源的色温。

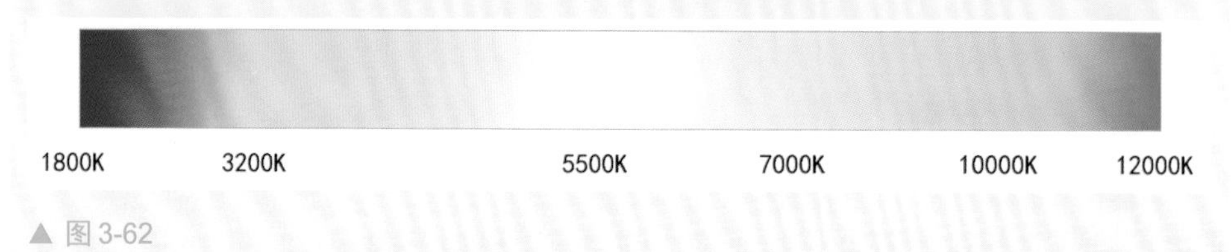

▲ 图 3-62

在同一场景下分别用晴天模式（左）、阴天模式（右）拍摄画面，如图 3-63 所示。

▲ 图 3-63

F11，1/25s，ISO-100，等效焦距24mm，高度16m。

同一场景下分别用3500K（上）、5500K（中）、7500K（下）的色温拍摄画面，如图3-64所示。

▶ 图3-64
F7.1，1/800s，ISO-100，等效焦距24mm，高度70m。

第4篇 常见的拍摄场景及拍摄技巧

1. 大地、丛林、乡野

无论你是无人机航拍刚起飞的新手，还是喜欢乡间小路和泥土气息的“田园控”，总之，现在的你“逃离”了城市，带着航拍器来到了丛林、乡野……

在无人机起飞前，要先检查 GPS 信号是否可靠，返航点是否能显示出来。如果答案是否定的，就要谨慎飞行了，新手最好不要飞了。

确定周边没有禁飞区，就起飞吧。自然界的花草树木都是自然生长的，形成了看似毫无规则的线条和形状。如果电池数量或电量充足，让无人机先对整体场景进行总体浏览，找到合适的光线方位和画面构图之后，再进行拍摄。

所以，第一个小技巧——避繁就简。

▲ 图 4-1

F5，1/80s，ISO-200，等效焦距24mm，高度约90m。

如果毫无关联的线条组合在一起，尽管数量不多，也会让画面显得杂乱、无章，如图 4-2 所示。

▶ 图 4-2
F8，1/320s，ISO-100，等效焦距24mm，高度131m。

找一个角度，使这些线条在画面上关联起来，效果就不一样了。这也是一种避繁就简，如图 4-3 所示。

▶ 图 4-3
F8，1/60s，ISO-100，等效焦距24mm，高度173m。

自然界中的某些线条（也可能是人为的），有时会和某些物体结合成某种形状，如图 4-4 所示。

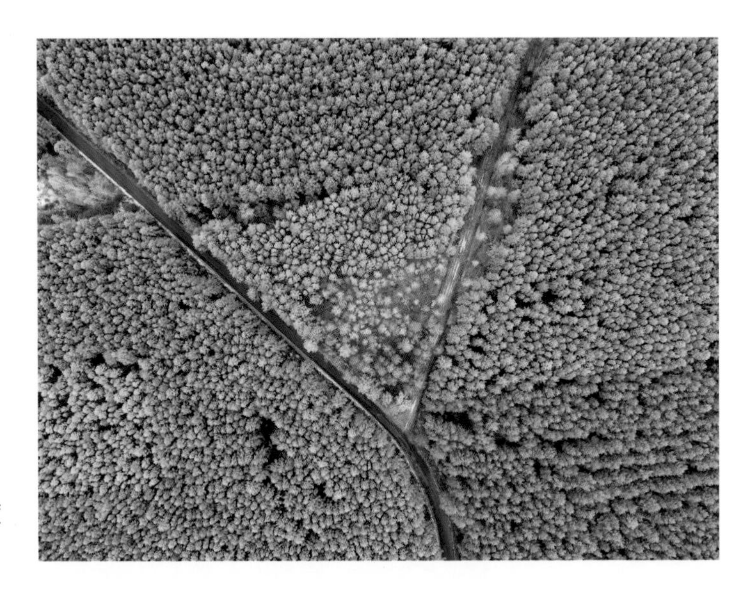

▶ 图 4-4
F5，1/60s，ISO-200，等效焦距24mm，高度276m。

所以，第二个小技巧——留意观察奇妙的构成，如图 4-5 所示。

▶ 图 4-5
F3.8，1/60s，ISO-100，等效焦距48mm（2张拼接），高度213m。

有时画面的效果如同一朵花，如图 4-6 所示；有时又像七巧板，如图 4-7 所示；或像指纹一般，如图 4-8 所示。

▲ 图 4-6
F4.5，1/200s，ISO-400，等效焦距24mm，高度499m。

▲ 图 4-7
F8，1/160s，ISO-100，等效焦距24mm，高度496m。

◀ 图 4-8
F5.6，1/640s，ISO-100，等效焦距24mm，高度约180m。

有没有猜出图 4-8 中那些大地上的“指纹”是什么？这张照片拍摄于北方冬季冰封的湖面上空。为了防止厚厚的积雪遮挡阳光，导致湖水中的鱼因为缺氧而死去，人们用机器将湖面上的积雪清扫出了一道一道痕迹，也就是画面上的那些“指纹”。其实，每一道深色的条纹至少 2 米多宽。

若是破坏了这些奇妙的构成，图 4-8 中的场景就会变成图 4-9 这种情况。

▲ 图 4-9

F5.6，1/500s，ISO-100，等效焦距24mm，高度约70m。

▲ 图 4-10
F3.8，1/1250s，ISO-100，等效焦距24mm，高度221m。

“近大远小”，是眼睛观察事物时的一种特征，镜头也一样。近大远小关系在摄影中被称为“透视关系”。如果无人机搭载广角镜头，将会有比人眼更加夸张的透视关系。而这种透视关系，除了直线线条朝一个透视点汇聚，还会增加画面的张力。镜头离被摄场景越近，这种张力就越强大。所以，第三个小技巧——利用好透视关系。

图 4-11 拍摄于秋季的森林上空。俯瞰山间公路，两旁的乔木在镜头的“张力”下如同张开的一双双翅膀，正在欢迎无人机镜头前来探究。

▲ 图 4-11

F8，1/50s，ISO-200，等效焦距24mm，高度约80m。

插入语——有关拍摄的故事

“我拍了一张照片，满地的草卷，特壮观。”

“算了吧，这在我老家那座土房后边有的是，真是少见多怪。”

“……”

▲ 图 4-12

F7.1，1/240s，ISO-100，等效焦距24mm，高度6m。

“我用无人机拍的！无人机！你肯定没看过这个视角。”
“算了吧。知道的人，认为是草卷；不知道的人，以为是牛粪，毫无美感。”
“……”

◀ 图 4-13
F7.1，1/240s，ISO-100，等效焦距24mm，高度约40m。

“这回能看出是草卷了吧！而且画面也有足够的张力。”
“张力有了，可是线条把视线都引导到画面外了，而且画面边缘的那些零星物体太杂乱。总之，这并不是一张能吸引我的照片，更别说打动我了。”
“……”

◀ 图 4-14
F7，1/200s，ISO-100，等效焦距24mm，高度6m。

“我知道了，画面的美感、光线、构图都恰到好处，才会有视觉冲击力，才能让人愿意看照片，然后才有下文。”

“是的，如图4-15这张照片，我肯定这张比之前拍的都要成功。我愿意看它，所以才有可能进一步解读它。”

▲ 图 4-15

F7.1，1/200s，ISO-100，等效焦距24mm，高度4m。

画面的透视关系、张力，要用在需要的地方。比如这些线条向远方地平线处的晚霞汇聚，而这些“草卷”散落在透视汇聚线的点上，像沿着汇聚线向前滚动一般，使无序之中蕴藏了有序，给画面带来了秩序和动感。

同时，拍摄照片的时候，正是天空的色彩比较丰富的时刻。所以，另一个小技巧——合适的拍摄时间和光线。

拍摄实例——乌裕尔河

当拍摄一些特殊的地貌时，我会选择在凌晨或黄昏时分进行，只为获取理想的光线和光位。我拍摄这张乌裕尔河的时间是在凌晨4点左右，如图4-16所示。因为多云的缘故，太阳躲在几朵云彩后面，而散射光照遍了整片大地，画面左侧的云彩边缘也因为反射了一部分阳光而呈现出丰富的色彩。河网交织着向远方的尽头延伸，一片低密度的雾气，给画面增加了一些神秘的气氛。

▲ 图 4-16
F2.8，1/200s，ISO-100，等效焦距24mm，高度128m。

其实，也不必非要等到阳光直射地面那一刻才进行拍摄，在直射光下拍出的效果未必比散射光好，如图4-17所示。

▲ 图 4-17
F8，1/2500s（包围曝光+HDR），ISO-100，等效焦距24mm，高度283m。

插入语——关于星芒

你想知道图4-17中太阳呈现的光芒四射的效果是如何拍摄的吗？这很简单，收小光圈即可。在极小的光圈下，小而明亮的点光源，比如太阳、街灯，会出现星芒效果。

插入语——有关拍摄的故事

“黎明前的黑暗”这个说法想必大家都知道。在日出前赶往拍摄地，肯定要经过一段黎明前的黑暗时间，那么安全问题就不得不放在出发前的考虑范围之内。一些偏远地区的路况不佳，没有导航信号，即便有导航也不能实时监测路况。前方是否有危桥或塌方？是否会临时封路？公路是否被洪水淹没等。

有时，导航只会显示出前方有路，但不会显示出路已经变成了这样，如图4-18所示。

◀ 图 4-18

导航也不会显示出连降了两个星期的雨水后，道路被淹没成只有牛羊可以通过了，而车辆只能“望路兴叹”，如图4-19所示。

◀ 图 4-19

我经历过多次险情，曾经在伸手不见五指的黑夜里，驾车驶入荒无人烟的深山老林，遇到路面翻浆、山体滑坡，也遇到过突如其来的冰雹、雷暴等恶劣天气。所以，如果想拍摄某个特定地点的日出，请提前一天到拍摄地“踩点”。

就在拍完乌裕尔河后的当天，我继续驾车，被导航“坑”得好几次迷了路，终于在天将黑时进入了一片地貌很特别的区域。这里的湖水、湿地、盐碱地、耕地、森林和公路交织在一起。我让无人机飞至几百米高时，对着夕阳的方向俯瞰这片地貌，并通过HDR解决了暮光和地面景物之间的巨大反差，于是拍成了图4-20这张照片。

◀ 图 4-20
F4，1/200s（包围曝光+HDR），ISO-100，等效焦距24mm，高度270m。

喜欢吹毛求疵的我，在拍摄了这张照片后瞬间否定了我在之前几分钟拍摄的照片，如图4-21。因为无人机的飞行高度太低，没有充分拍出当地的特有地貌，和在一片小水坑前拍出的画面没有分别。

◀ 图 4-21
F4，1/800s（包围曝光+HDR），ISO-100，等效焦距24mm，高度120m。

图4-22比4-21略好一些，但太阳周边的过曝区域（俗称“呲光”），破坏了画面美感。

◀ 图 4-22
F3.5，1/800s（包围曝光+HDR），ISO-100，等效焦距24mm，高度193m。

插入语——垂直向下时，我会观察到什么？

这种垂直向下的视角被称为“上帝视角”，从上帝视角观察世间万物与普通视角有什么不同？也许干涸的湖水如同一只乌龟。

◀ 图 4-23
F2.8，1/30s，ISO-120，等效焦距24mm，高度约150m。

也许冰面如同皲裂的皮肤一般，像一张网。

◀ 图 4-24
F3.8，1/6s，ISO-200，等效焦距24mm，高度142m。

冰封的码头、整齐的船只，像显微镜下的植物细胞。

▶ 图 4-25
F5.6，1/50s，ISO-1600，等效焦距24mm，高度65m。

站在圆心的自己，像一根指南针。

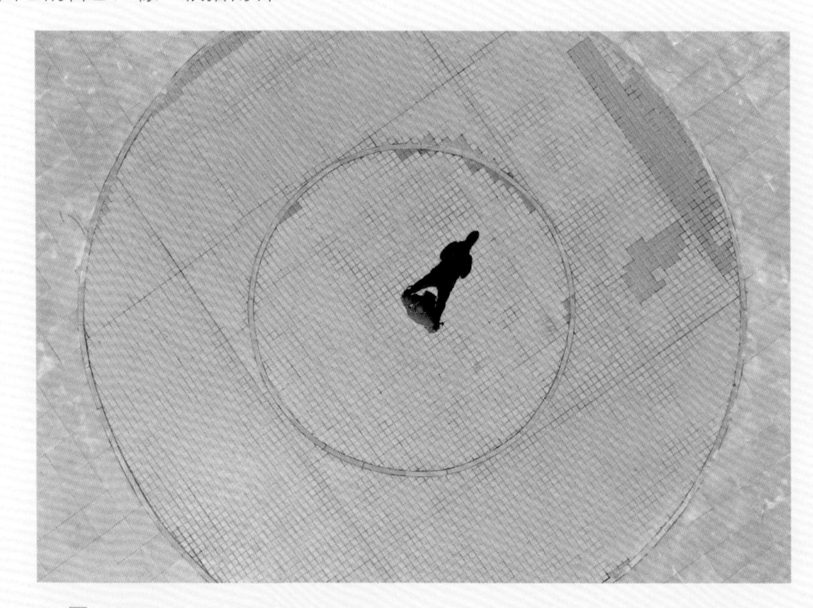

▲ 图 4-26

F2.8，1/1600s，ISO-110，等效焦距24mm，高度9m。

从上帝视角是否能看到大地的表情？欢喜、悲哀、还是不屑？

▲ 图 4-27

F7.1，1/60s，ISO-100，等效焦距24mm（有裁剪），高度126m。

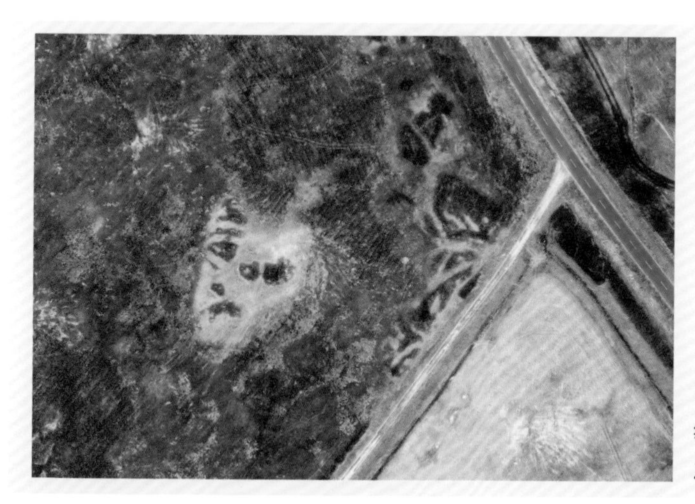

◀ 图 4-28
F4.5，1/100s，ISO-100，等效焦距24mm，高度232m。

2. 海滨

海滨绝对是练习构图的绝佳场所。尤其是俯拍时，试着将地面的线条进行组合，形成我们眼里最“舒服”的构图。

▲ 图 4-29
F5.6，1/80s，ISO-100，等效焦距24mm，高度137m。

▲ 图 4-30

F5.6，1/120s，ISO-100，等效焦距24mm，高度220m。

有时候，人物的出现给画面带来动感和观赏性，让单一的线条有了“节奏”。

▲ 图 4-31

留意这些“点睛之笔”是不是出现在画面的合适位置。

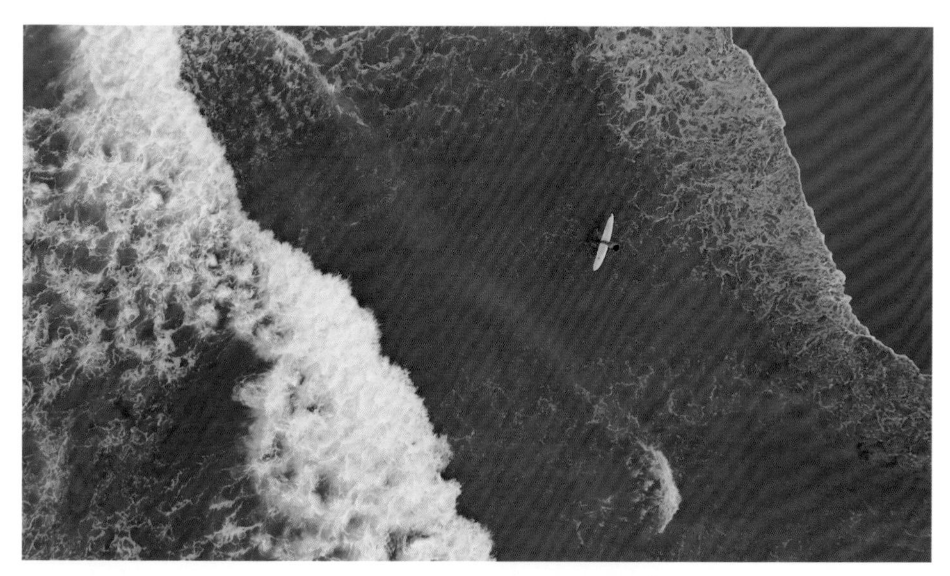

▲ 图 4-32

F3.2，1/40s，ISO-100，等效焦距24mm（有裁剪），高度34m。

有时候，只拍那些不规则的海岸线，也是一种构图。

▲ 图 4-33

F5.6，1/200s，ISO-100，等效焦距24mm，高度55m。

暴风雨来临前的海边是一番景象。

▶ 图 4-34
F3.2，1/50s，ISO-200，等效焦距24mm，高度33m。

阳光穿过充满水雾的海面时的景象。

▲ 图 4-35
F5.6，1/1000s，ISO-100，等效焦距24mm（多张拼接），高度250m。

拍摄实例——青黄不接的时刻

前面讲过“黄金时刻”“蓝调时刻”，其实还有一个青黄不接的时刻。在这个时段，太阳落山，美好的阳光消失了，地面的灯光还未完全亮起，无人机拍摄出的大海略显凄凉，海边的建筑和街道也黯然失色。

▲ 图 4-36
F3.2，1/20s（包围曝光+HDR），ISO-400，等效焦距24mm，高度22m。

但仅仅过了五分钟，地面的灯光变得十分明亮，而此时的天空还残存着一点暮光，刚好和地面的灯光形成互补，使画面的亮度变得均匀，色彩更加丰富，却又不艳俗。

▲ 图 4-37

F3.2，1/2s，ISO-400，等效焦距24mm，高度31m。

3. 城市、街道和建筑

在拍完充满诗意的远方之后，让无人机重新拍回我们生活的城市，或许你会用不同于以往的眼光重新审视这座城市。

不同的城市，有不同的特色。有的宁静，有的热闹，有的节奏慢，有的节奏快，有的古朴，有的现代，有的古香古色，有的高楼林立。要拍出它们独有的“个性”，而不是仅局限于自己单一的审美标准。

图 4-38 中这座精致又充满设计感的大桥，我没有像拍摄其他大都市一样拍摄它，因为它代表着这个城市特有的风情。拍摄时无人机无须飞得太高，刚好能把桥的主体部分拍摄完整即可，飞得太高反而使画面失去表现力。另外，对于灯光的表现也需做一些文章。首先控制高光部分的亮度，不要让其过曝；其次，夜晚的街灯照出的灯光有一些发红，在后期处理时要适当弱化。

▲ 图 4-38
F2.8，1/2s，ISO-400，等效焦距24mm，高度约50m。

请格外注意局部过曝问题。在前面的众多自然风光拍摄实例中可以得出，局部过曝可能会造成地面的黑暗与天空的过分明亮形成反差，而城市夜晚地面上的车灯的轨迹、路灯的光带则是最容易过曝的区域。

▲ 图4-39

时下流行的“性冷淡”色调，经常被用来表现某些大都市的夜晚。拍摄时将色彩设置得清淡、柔和一些，后期处理时重点压低红、洋红、绿色的饱和度。

▲ 图 4-40

被街灯照射的地方和没被街灯照射的地方，往往呈现出两种色彩。抓住色彩的对比，拍出特殊的线条组成。

▲ 图 4-41

F2.8，1/6s，ISO-800，等效焦距24mm，高度119m。

▶ 图4-42

白天的城市色彩比夜晚少了很多。从正上方垂直俯拍，画面更真实，更像一张实景地图。在拍摄这张“实景地图”时，视角越广，高度越低，画面上高层建筑的“张力”就越明显。如果担心高度太低使镜头的视角无法收进全部的元素，可以使用全景模式拍摄。

如同前文讲述的，在表现某个具体建筑的质感、立体感、层次感时，光线的方位和软硬可以起到决定性作用。

▶ 图4-43

上：F8，1/100s，ISO-100，等效焦距24mm（3张拼接），高度381m。

拍摄实例——古老的机车库

小镇上的这座机车库建于距现在一百多年前，曾经是中国境内最早的铁路上至关重要的一座机车库。

从这个角度，可以拍到机车库如扇形一般的全貌。但是你是否觉得有些怪异？为什么画面看起来像一张平面，完全没有立体感？其实原因很简单：这是顺光拍摄的照片。光的方向和拍摄方向完全一致，所以根本看不到地面上建筑的影子，就像在一张纸上画了造型却忘了画影调一样，画面缺少立体感。

◀ 图 4-44
F8，1/200s，ISO-100，等效焦距24mm，高度156m。

我让无人机飞到机车库的正上方，垂直向下拍摄，光的方向做出了调整，变成了顶光。机车库有了影子，也有了立体感。其实，垂直拍摄也有讲究，比如，让这个扇形的圆心位于画面下方，弧形在上方。因为从这个方向拍摄时，光线恰好变成顶光。如果反过来拍摄，则看起来略显奇怪。

◀ 图 4-45
F8，1/200s，ISO-100，等效焦距24mm（有裁剪），高度215m。

在拍摄建筑时，航拍有强大的优势，因为航拍可以轻松找到突出建筑个性的机位。

拍摄实例——一个世纪前的面粉厂

图4-46中的建筑是栋于1929年建成的面粉厂大楼，位于中东地区铁路沿线的另一座小镇上，是当时镇上的地标性建筑，现已成为历史建筑。

随着小镇的发展，从前低矮的平房被楼房取代，这座“工业风”浓郁建筑，在空中俯瞰时也略显平庸了，早已“泯然众楼矣”，如图4-47所示。

所以，我让无人机的高度尽可能降低，在视角允许的情况下尽量靠近这栋建筑，通过近大远小关系，让画面的主角凸出来，才有了图4-46。

想在地上拍出图4-48的效果，用地面视角是完全做不到的。站在地面拍摄，即便使用17mm的超广角镜头，也只能用平面记录它。

◀ 图 4-46
F6.3，1/40s，ISO-200，等效焦距24mm，高度22m。

▲ 图 4-47

▲ 图 4-48

拍摄实例——宁静的教堂

作为一名老建筑控，我总是不厌其烦地带着无人机穿行在那些知名或不知名的小城、小镇里。用无人机拍摄这座古老的天主教堂时，我选择了图4-49、图4-50两个视角拍摄，使画面毫无违和感，因为这两个视角巧妙地避开了场景中的现代建筑，还原了教堂本来的宁静，而事实上，教堂的周边是图4-51的景象。

▲ 图 4-49

F6.3，1/320s（包围曝光+HDR），ISO-100，等效焦距24mm，高度5m。

▲ 图 4-50

F3.5，1/80s，ISO-200，等效焦距24mm，高度44m。

▲ 图 4-51

F3.5，1/80s，ISO-200，等效焦距24mm，高度43m。

如果想近距离给教堂拍摄一张“证件照”，24mm镜头恐怕没办法拍下它的全身，但可以使用竖拍全景模式，或者单独拍摄三张照片后用后期处理软件拼接成型。图4-52是三张原始素材，图4-53是后期处理软件拼接后的样子。

当然，如果你和我一样细心就会发现，图4-52从左至右三张图中教堂线条方向的透视关系不一致。这是因为虽然拍摄三张照片的机位是一致的，但无论是航拍器自动拼接的还是通过Adobe Photoshop软件拼接的，都是有办法修正这些畸变的。拍摄拼接照片的原始素材还有一种方法，是让无人机的飞行方向一直与被摄物体平行，每飞行一段距离就拍摄一张，但这种方法不适合这个拍摄实例，因为教堂后面的环境比较复杂，拼接后容易穿帮，如图4-54、图4-55所示。

▲ 图 4-52

F3.2，1/200s，ISO-200，等效焦距24mm，高度14m。

▲ 图 4-53

F3.2，1/200s，ISO-200，等效焦距24mm（3张拼接），高度14m。

▲ 图 4-54

（左）F5，1/80s，ISO-200，等效焦距24mm，高度5m；
（中）F5，1/80s，ISO-200，等效焦距24mm，高度13m；
（右）F5，1/80s，ISO-200，等效焦距24mm，高度25m。

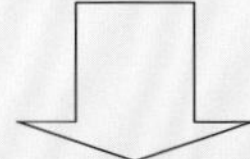

◀ 图 4-55

插入语——螺旋桨乱入怎么办

还是这座教堂，我让无人机从两座塔楼中间穿过，镜头向上仰拍，但我无意中发现无人机的螺旋桨进入了画面。一般来说，拍摄图片时，只要云台的仰角不是特别大，螺旋桨不会轻易进入画面。而拍摄视频时就没那么简单了，尤其是无人机迎风飞行时，机身前倾，画面躲避不开螺旋桨。最简单的解决办法是：让无人机反向飞行，用软件在后期处理时让视频倒放即可。

◀ 图 4-56
F3.5，1/500s，ISO-200，等效焦距24mm，高度19m。

从上帝视角观看建筑，经常会有意外的惊喜，因为建筑由三维立体突然变成了二维平面，而且是我们平时最容易忽略的屋顶平面。所以，图4-57中尽管是一片低矮的棚户区，却呈现了一种特殊的错落有致的色彩构成。

◀ 图 4-57
F2.9，1/10s，ISO-400，等效焦距27mm，高度约220m。

人物和人文纪实

首先，我想说的是，用无人机拍摄，有所能，也有所不能。比如，想拍摄“背景如奶油般融化”的场景，几乎是不可能的。即便搭载大感光元件的拍摄器材和长焦距大光圈镜头，其对背景的虚化能力也没法和普通单反相机、单电相机相比。

但是，用航拍视角拍摄人物，何需如此虚化背景的糖水片呢？

插入语——八字箴言

摄影论坛里曾经流行的“八字箴言”——“刀锐奶化、毒德大学”。具体解释就是：焦点如刀割般锐利；焦外如奶油般融化；毒，人们看了片子会中毒、上瘾；德，德国镜头味；大，大师；学，学习了。如今这八个字已然包含了满满的嘲讽，意指某些拍摄只注重技术、器材、参数，是“器材党”或“老法师”的作派。

良好的开始是成功的一半。用无人机航拍可爱的人们时，将他们最自然的状态作为拍摄的开端，往往能让照片栩栩如生、大放异彩。

▲ 图4-58

注意，无人机搭载广角镜头拍摄时，人物在画面上的比例远比我们想象的小，所以想拍出上图的画面，要将镜头与人物的距离拉得十分近才可以。

对于稍微正式的合影、集体照，航拍是一个不错的选择，并且可以尝试让人们拼出一些特殊的造型。图 4-59 就是利用近大远小的透视关系再加上人们站立的位置而拼出了“心”形，对于集体照来说更有寓意。

◀ 图 4-59

航拍时，可以不局限于以往的拍摄经验，尽可能打开脑洞，发挥想象，拍摄那些平时我们只能想到却看不到的画面。图 4-60 中的人们躺在地上，并利用道具形成了“错觉摄影”。拍摄时注意人们的动作、表情、姿态。躺在地上的人不要躺得过于放松和慵懒，否则看起来像事故现场。

◀ 图 4-60

女孩子们喜欢 45° 角俯拍，因为这个视角可以拍出更漂亮的脸型。航拍时请尽量用这个视角拍摄她们，如图 4-61。这张照片我用慢速曝光拍摄了人群中的这个女孩，其他的人物都被虚化了，制造了动感的同时也突出了主体。

▲ 图 4-61

在摄影中如果少了抓拍也就少了一半以上的乐趣。那些不可多得的瞬间因被镜头所记录而更加精彩。

大部分无人机搭载摄影器材抓拍时都不及单反相机灵敏。因为单反相机是公认的快门时滞最小的拍摄设备，除非无人机也搭载单反相机，在拍抓时才会同样灵敏。

但是，我们仍有办法捕捉那些短暂而精彩的瞬间。比较常用的方法是连拍，如果连拍的速度也无法让人满意，就尝试拍摄视频后再导出每一帧的图片，虽然这样导出的图片清晰度比较低，但总比没抓拍到要好。

另外，曝光时间也要足够短，避免人物被虚化（追拍除外）。

图 4-62 中，“飞人”从瀑布的顶端一跃而下，眨眼间跳进瀑布下的湖水中。我拍摄这张照片是在下午接近傍晚的时段，太阳已经比较低了。在“飞人”跳起后只有不到 1 秒的时间停留在光线中，之后就进入了瀑布和悬崖的影子里。我希望能捕捉到他整个身体都在阳光下的画面，但时间太短，使用单张拍摄的成功率是极低的。

▲ 图 4-62

F2.8，1/1250s，ISO-200，等效焦距24mm，高度6m（相对瀑布顶端）。

5. 动物

有些精彩的瞬间是可以提前预知的，有些则是无法预知的机缘巧合。而这些巧合突然出现又被镜头摄取，定能为你带来很多意外的惊喜。

图 4-63 拍摄于宽阔的草甸上。母牛亲吻小牛，这样的画面极少被拍摄到。我没使无人机降得太低，不想打扰它们。后期处理时我对画面进行了大幅度裁剪，好在画质比较给力，虽然裁掉了近三分之二的面积，但仍获得了尚可的清晰度。

▲ 图 4-63

F6.3，1/400s，ISO-200，等效焦距24mm（有裁剪），高度约90m。

用极短的曝光时间（1/500s 或更短）拍摄图 4-64 这些动作敏捷的鸟儿，将它们的动作和水面的水花清晰地定格在画面上。

▲ 图 4-64

鸟儿成群结队的飞过，用长焦镜头可以拍出整齐的画面，这样更具视觉冲击力。但你要注意，这么多的鸟儿从无人机的下面飞过，要时刻提防撞鸟事故发生。在有些国家或地区，一旦无人机与鸟类发生剐蹭导致鸟类受伤，对飞手的经济处罚是很重的。

◀ 图4-65

体型庞大的大象在上帝视角下也显得小巧玲珑了。它们身后弥漫的尘土成为了画面中最抢镜的元素。

▲ 图 4-66

插入语——无人机在动物的眼里是什么

是怪物？是敌人？是玩伴？是猎物？很多飞友在操控无人机飞行时都遇到过鸟群。这时一定要远离它们，如果无人机和鸟群相撞，很可能会坠毁，尤其某些猛禽（如老鹰、隼）会把无人机当作猎物。当然，更重要的是，无人机的螺旋桨会伤害到鸟类，甚至让它们失去生命。无人机损坏了尚可再买，而鸟类的生命却不能失而复得了。况且，天空本来就是属于它们的，我们是“不速之客”。

尊重生命，是摄影人的基本操守。

▲ 图 4-67

斯里兰卡的海边，航拍后我正打算让无人机降落。就在此时，一只流浪狗突然向天空狂吠并打算扑向即将降落的无人机。
我担心这只可爱的狗被螺旋桨伤到，于是和它玩耍起来，把它引到我身边，让我的同伴操纵无人机降落。
我爱无人机，但更爱动物。

6. 疯狂自拍

像图 4-68 这样操控无人机，如果将无人机作为一个“长了翅膀”的自拍杆使用，就没必要用几页宝贵的篇幅来介绍无人机自拍了。

▲ 图 4-68
F3.8，1/640s，ISO-200，等效焦距48mm，高度5m。

本节将介绍几种自拍的高级打开方式：

尝试使用无人机的“定时拍摄”功能，当你按下快门键的几秒后，真正的快门才开始释放。在这几秒钟里，尽管我手忙脚乱地藏好遥控器并摆出姿势，但还是略显刻意。

这其实也有些过于简单了，接下来，我将谈谈用无人机是如何拍摄自己最爱的运动的。

让无人机记录下我最爱的运动——骑行。此时，可以选择无人机的“智能跟随”模式，将自己设定为画面主体后，无人机会一直跟着自己走。同时，再选择“间隔拍摄”功能，无人机将会每隔几秒拍下一张图像，总有一张是适合的。

▲ 图 4-69

F5.6，1/320s，ISO-100，等效焦距24mm，高度9m。

▲ 图 4-70

F2.8，1/800s，ISO-100，等效焦距24mm，高度6m。

无人机以与人相同的速度跟随自己向前，如果相机的曝光时间足够长（1/20s 或者更长），且骑行速度又足够快，将会出现这种效果——主体人物清晰，背景呈动态模糊状态。这样的画面有十足的动感和现场感。

▲ 图 4-71

F8，1/15s，ISO-100，等效焦距24mm，高度4m。

无人机的智能追随拍摄又分为“平行”“追踪”等模式，如图 4-72，这张从高空垂直向下俯拍的追随拍摄，就可以选择“平行”模式。

▲ 图 4-72

F3.5，1/320s，ISO-100，等效焦距42mm，高度22m。

是否可以尝试拍摄自己的影子？是否可以让影子也“做”点什么？大家喜欢航拍的原因，可能就是因为这些意料之外的照片吧。

▲ 图 4-73
F3.5，1/320s，ISO-100，等效焦距42mm，高度22m。

第5篇 航拍图片的后期处理

1. 常用软件

很多品牌的无人机都自带图像处理软件，可以在手机或平板电脑上简单处理图片，包括调色、拼接照片、处理细节等。这些软件的界面简单，操作方便，适合对图片进行初步处理。但是，如果想更加精细地处理图片，就要依靠电脑里的专业修图软件了。

常用的修图软件有 Adobe Photoshop、Lightroom 等，本书重点介绍 Adobe Photoshop 以及 Camera Raw。

首先，推荐大家在拍摄时使用 RAW 格式，这个格式的优点在前文我已经讲过了。至于 JPEG 格式是否与 RAW 同时保留，看个人习惯。

在低版本的 Adobe Photoshop 中不能直接打开 RAW 文件，需要加装 Camera Raw 插件，高版本的 Photoshop 自带新版插件。而 Camera Raw 插件的界面和 Lightroom 几乎是一样的，所以这里不再介绍 Lightroom。图 5-1 是 Camera Raw 插件的基础界面。

◀ 图 5-1

这个界面的设计相当人性化，所有的按键均有文字提示，故这里不再赘述。我主要讲几个最常用到的功能：

（1） 白平衡取样：选择画面上的灰色区域，单击此区域可以校正整体的色彩。

（2） 调整视角，校正畸变：可以解决画面的透视畸变、地平线倾斜等问题，拍摄建筑时经常使用。

（3） 渐变滤镜：模拟渐变镜的效果，但不限于压暗某个区域，还可以给照片局部提亮，改变色彩、锐度、清晰度等参数。比如天空过亮、地面过暗、阴影处颜色偏冷等，均可通过渐变滤镜调节亮度和色温。

（4） 直方图：可作为修图时的参考图。横坐标表示亮度，纵坐标表示这个亮度的像素数。

（5） “基本”子菜单：位于界面右侧的亮度、对比度、高光等均可进行调节。调节“高光”可调节画面亮部的亮度，调节“阴影”可调节

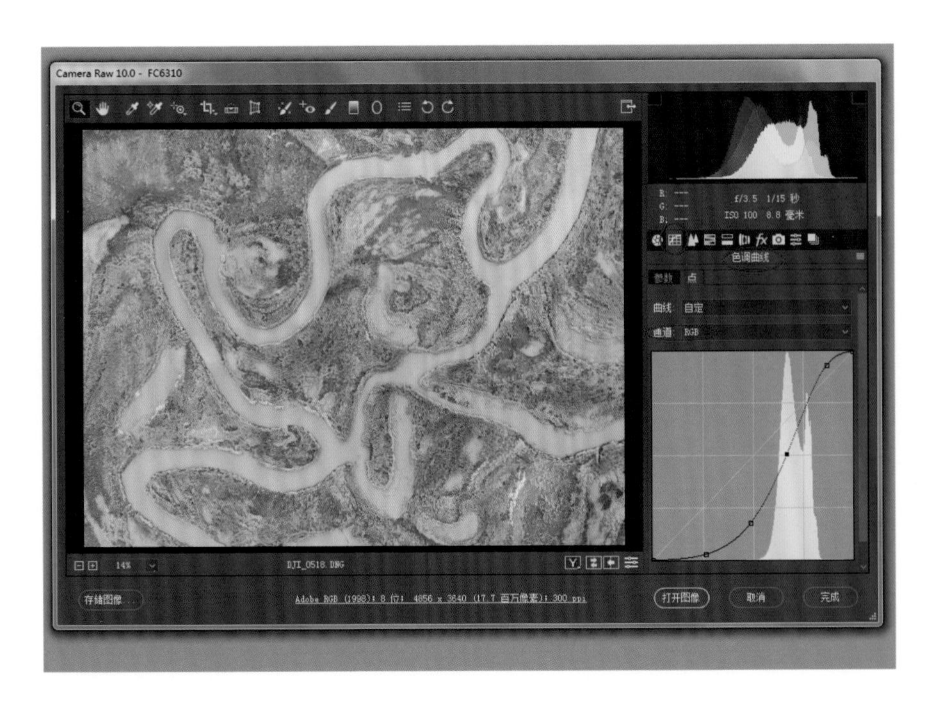

▲ 图 5-2

画面暗部的亮度。对一些反差过大的场景，可以压暗曝光或提亮阴影。“清晰度”即局部的对比度。“饱和度”“自然饱和度”均用来改变画面色彩的鲜艳程度。

（6）“色调曲线”子菜单：位于“基本”子菜单右侧，也是用来调节亮度、反差、色彩的，只是相比“基本”子菜单中那些与曝光相关的选项，它更偏向于手动操作。也可以理解为横坐标是调整之前的亮度，纵坐标是调整之后的亮度。

（7）“细节”子菜单：用于锐化和降噪。

（8）“HSL”子菜单：用于调整每一种颜色的明度、色相、饱和度，以及将彩色照片处理成黑白照片。

（9）“分离色调”子菜单：用于对高光、阴影部分调色。

（10）“镜头校正”子菜单：用于修正镜头光学功能的不足，如紫边、暗角等。

这些菜单功能都比较简单，大家多使用几次便可熟能生巧。

2. 后期实用技巧

（一）使用渐变滤镜平衡天地反差

在图 5-3 这张照片中，天空中的云层缺失细节，天空尽显苍白。需要对画面上三分之一的天空进行压暗处理。

处理步骤：

（1）单击“渐变滤镜”选项卡，对渐变滤镜的各项参数进行设置，然后按住鼠标左键在画面上自上而下拖动。滤镜的各项参数如果设置的不合适也不要紧，把鼠标拖动完成后还可以继续调整参数。

Camera Raw 10.0 - FC6310
f/3.5 1/800 秒
ISO 400 8.8 毫米
基本
白平衡
原照设置
色温
5800
色调
+3
自动
默认值
曝光
0.00
对比度
高光
阴影
白色
黑色
清晰度
自然饱和度
饱和度
18.6%
DJI_0105.DNG
存储图像...
Adobe RGB (1998); 8 位; 3826 x 2704 (10.3 百万像素); 300 ppi
打开图像
取消
完成

▲ 图 5-3

Camera Raw 10.0 - FC6310
f/3.5 1/800 秒
ISO 400 8.8 毫米
渐变滤镜
新建
编辑
画笔
色温
+9
色调
曝光
对比度
+52
高光
-100
阴影
+23
白色
黑色
清晰度
去除薄雾
饱和度
锐化程度
叠加
蒙版
清除全部
18.6%
DJI_0105.DNG
存储图像...
Adobe RGB (1998); 8 位; 3826 x 2704 (10.3 百万像素); 300 ppi
打开图像
取消
完成

▲ 图 5-4

（2）给地面也加上一层渐变滤镜，可以增加曝光和对比度，让地面的影调明亮起来。将色温向黄色偏移、色调向洋红色偏移，可以让秋天的暖色铺满大地。

◀ 图 5-5

（3）使用 HSL 对黄色、红色、蓝色分别进行处理，增大色彩之间的对比，再用曲线进行微调。最后的成片如下：

◀ 图 5-6

对比原图后你会发现，后期处理的意义所在于此。

（二）照片动态范围的调整

（1）提高单张照片的动态范围

还记得图 4-53 中的那座教堂吗？事实上，如果照片未加后期处理，只是单纯地拼接成全景图，那仅仅是图 5-7 中左图的样子，这是由于现场的亮度过高造成的。所以，我要做的是提高照片的动态范围，可以将天空和建筑的细节都展现出来。

但是，在本节中提到的利用渐变滤镜压暗天空这种方法，在这个实例中并不适用，因为这个场景中，天与地的界限并不是一条直线，所以我要尝试用另一种方法：

在 Camera Raw 插件中，将照片的高光亮度压低，将阴影的亮度提高，只用如此简单的操作，就会让图 5-7 的左图变成右图了。

▲ 图 5-7

（2）高动态范围（HDR）照片的合成方法

如果单张照片的动态范围无论怎样改变都无法满足需求，就可以按照我前面讲过的，用 HDR 模式拍摄照片。拍摄之后用软件合成一张图片。

先将曝光不同的一组 RAW 文件在 Photoshop 软件中打开，自动进入 Camera Raw 界面，如图 5-8 所示。再选中每张照片，然后在弹出的对话框中选择“合并到 HDR”，合成后的图片如图 5-9 所示。

Camera Raw 10.0 - FC6310
胶片
DJI_0477.DNG
DJI_0479.DNG
全选 Ctrl+A
选择已评级的图像 Ctrl+Alt+A
同步设置... Alt+S
合并到 HDR... Alt+M
合并到全景图... Ctrl+M
f/2.8 1/120 秒
ISO 100 8.8 毫米
基本
白平衡: 原照设置
色温 5300
色调 +8
自动 默认值
曝光 0.00
对比度 0
高光 0
阴影 0
白色 0
黑色 0
清晰度 0
11.6%
DJI_0477.DNG
选中 3/3
存储图像...
Adobe RGB (1998); 8 位; 4856 x 3640 (17.7 百万像素); 300 ppi
打开图像
取消
完成

▲ 图 5-8

Camera Raw 10.0 - FC6310
胶片
DJI_0477.DNG
DJI_0478.DNG
DJI_0479.DNG
HDR 合并预览
合并...
取消
选项
对齐图像
自动色调
消除重影
高
显示叠加

▲ 图 5-9

接下来对曝光、色调等参数进行调节，也可以使用渐变滤镜再次压暗天空，总之调到满意为止，如图 5-10 所示。

▶ 图 5-10

（三）拼接照片

（1）将原始素材（RAW 文件）导入到 Camera Raw 软件中，选中所有照片后单击鼠标右键，在弹出的对话框中选择“合并到全景图”，如图 5-11 所示。

▶ 图 5-11

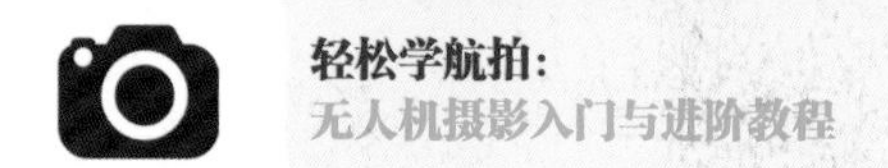

（2）对拼接后的照片进行微调。参数设置如图 5-12 所示。最终效果如图 5-13 所示。

▲ 图 5-12

▲ 图 5-13